デザイナーのための
プロトタイピング入門

キャスリン・マッケルロイ 著　安藤貴子 訳

Prototyping for Designers
Developing the best digital & physical products

© 2019 BNN, Inc
Authorized Japanese translation of the English edition of
Prototyping for Designers ISBN 9781491954089
© 2017 Kathryn McElroy

This translation is published and sold by permission of O'Reilly Media, Inc.,
which owns or controls all rights
to publish and sell the same through
Japan UNI Agency,Inc., Tokyo.

This Japanese edition is published by BNN,Inc.
1-20-6, Ebisu-minami, Shibuya-ku,
Tokyo 150-0022 JAPAN
www.bnn.co.jp

凡例
・訳注、編注は〔 〕で括った。
・原著の脚注は*で示し、頁下に記載した。

本書への称賛のことば

"プロトタイピングはデザイナーが学び、業務に取り入れるべき最も重要なスキルの1つだ。プロトタイピングを実行可能で教えやすい枠組みに落とし込むことにかけては、キャスリン・マッケルロイの右に出る者はない。この本はすべてのデザイナー必携の1冊だ"

アビー・コバート
(SVAプロダクツ・オブ・デザイン教員)

"ユーザーニーズの発見からより作り込まれたアイデアのテストにいたるまで、製品開発のすべての段階でプロトタイピングは不可欠だ。この本はプロトタイピングプロセスのあらゆる要素を徹底的に掘り下げている。デザイナーやメイカーのための便利な参考書としてはもちろん、プロダクトマネージャーや組織にデザイン思考を浸透させたいデザイン支持者(アドボケイト)にもぜひお勧めしたい"

クリス・ミルン
(Capital Oneプロダクトマネージャー、元IDEOシニアデザイナー兼プロトタイパー)

"プロトタイピングは、使う人々にフォーカスした製品やサービスを開発するのになくてはならない手段になった。キャスリン・マッケルロイは、デザイナーやデザイナー以外の人たちのスキルを高められるよう、プロトタイピングの基本を明確に、読みやすく、わかりやすく、噛み砕いて説明している"

ダグ・パウエル
(IBMディスティングイッシュトデザイナー)

"実力のある優れたデザイナーになるには、ビジョンを持つだけではだめだ。そのビジョンを他の人たちが見える形にして、彼らの考え方を変えられなければならない。本書はそのビジョンだ。キャスリンは、プロトタイピングはただ作ったものをチェックするための単なる手段ではなく、あなたやあなたのデザインを向上させ、成功させるためのマインドセットであることを教えてくれる。プロトタイピングを習慣にしよう"

ブレント・アーノルド
(MOTIVATE(CITI BIKE)クリエイティブディレクター、
SVAプロダクツ・オブ・デザイン 非常勤教授)

自分にとっていちばん大切なことを実行する時間は、いつだってちゃんとあるものだと教えてくれた、愛する父を偲んで。この本を書く時間が作れてうれしい。父にも読んでもらいたかったな。

目次

序文（アラン・チョチノフ） …………………………………………………… xi
はじめに …………………………………………………………………………… xv

第1章　プロトタイプとは何か？ ……………………………………………… 1
　　　　　あらゆるものがプロトタイプ ……………………………………… 1
　　　　　マインドセットとしてのプロトタイピング ……………………… 5
　　　　　プロトタイプの例 …………………………………………………… 6
　　　　　製品のプロトタイピング …………………………………………… 12
　　　　　まとめ ………………………………………………………………… 16

第2章　何のためにプロトタイプを作るか ………………………………… 17
　　　　　理解 …………………………………………………………………… 17
　　　　　コミュニケーション ………………………………………………… 26
　　　　　テスト・改良 ………………………………………………………… 31
　　　　　重要性の主張 ………………………………………………………… 34
　　　　　まとめ ………………………………………………………………… 36

第3章　プロトタイプの忠実度 ……………………………………………… 39
　　　　　低忠実度 ……………………………………………………………… 40
　　　　　中忠実度 ……………………………………………………………… 43
　　　　　高忠実度 ……………………………………………………………… 48
　　　　　忠実度の5つの要素 ………………………………………………… 51
　　　　　まとめ ………………………………………………………………… 60

第4章　プロトタイピングのプロセス …… 61

- 実用最小限のプロトタイプ …… 62
- 探索中心 …… 69
- オーディエンス中心 …… 77
- 仮説中心 …… 82
- 実際のプロセス ── Etsyの事例 …… 90
- まとめ …… 98

第5章　デジタルプロダクトのプロトタイピング …… 99

- デジタルプロダクトデザインの第一歩 …… 99
- デジタルプロダクト特有の性質 …… 102
- 準備 …… 118
- 低忠実度のデジタルプロトタイプ …… 122
- 中忠実度のデジタルプロトタイプ …… 139
- 高忠実度のデジタルプロトタイプ …… 151
- 成功例 ── IBM MIL …… 161
- まとめ …… 169

第6章　フィジカルプロダクトのプロトタイピング …… 171

- 電子機器に取りかかる …… 171
- フィジカルプロダクト特有の性質 …… 174
- 準備 …… 183
- 低忠実度のフィジカルプロトタイプ …… 190
- 中忠実度のフィジカルプロトタイプ …… 206
- 高忠実度のフィジカルプロトタイプ …… 225
- トラブルシューティング …… 230
- 成功例 ── リチャード・クラークソン …… 231
- まとめ …… 242

第7章	プロトタイプのユーザーテスト ………………………… 243
	リサーチ計画の策定 ……………………………………… 243
	リサーチの実行 …………………………………………… 248
	リサーチ結果のまとめ …………………………………… 255
	まとめ ……………………………………………………… 257

第8章	すべてを1つに ── SXSWテイスティングエクスペリエンス ……… 259
	リサーチ …………………………………………………… 260
	ユーザーフロー …………………………………………… 261
	フィジカル要素 …………………………………………… 262
	デジタル要素 ……………………………………………… 264
	1つにする ………………………………………………… 267
	完成したエクスペリエンス ……………………………… 269
	まとめ ……………………………………………………… 270

第9章	私たちが学んだこと ……………………………………… 273

付録A	リソースとリンク ………………………………………… 275
付録B	用語集 ……………………………………………………… 283
索引	…………………………………………………………… 291

序文 —— アラン・チョチノフ

正直に言おう。読む前から私はこの本を気に入っていた。私は自分以上にプロトタイプの価値を断固として信じている人を知らないし（おっと、キャスリン・マッケルロイがいた！）、その信念を仕事であるデザイン業務にも、指導者としての生活のうえでも実践してきた。

　ずいぶん前のことだが、私はコネチカット州ノーウォークでデザインコンサルティングの専門会社に勤務し、大手歯ブラシメーカーが次に発表する歯ブラシのアイデアの考案に携わった。仕事を受けて喜んだものの、より規模の大きな他のコンサルティング会社も同じように、"フェーズ1"であるリサーチに乗り出していたことは明らかだった。クライアントは失敗を避けるべくリスクを分散させたのだ。ひどい戦略などではなく、よくある手だ。"ブレインストーミング会議"を何回も繰り返し、"次の画期的なマウスケア・エクスペリエンスを生み出す"にはどうすればいいかを話し合う代わりに、私たちのチームはデザイナー全員が作業場に入った。当時はデジタルファブリケーションツールがなく、すべてのものをバンドソーやテーブルソーで切り、旋盤を回し、即席の継ぎ目やファスナーで接着し、ピン止めし、打ちつけて作った。材料はプラスチックや木材、金属、他のブラシから外した毛——いびつなメッシュ素材と織物のサンプルなど——。実際のところ、手に入るもの、工夫できそうなものなら何でも使った。そうやって私たちは歯ブラシを作った。何個も何個も。

　クライアントの最初のレビューまではわずか数週間。オフィスに入ってきたクライアントはまるで予想外のものを目にして驚いた。そこにはフィジカルプロトタイプがずらりと——全部で100個以上——、消毒液の入ったいくつかのグラスとともに一列に並べられていたのだ。そう、私たちはこれらのモデルを全部、実際にブラッシングしてテストしながら継続的にプロトタイプを作っては直し、質を向上させてきた（もちろん消毒も欠かさず！）。そしてクライアントにも同じことを求めたのだ。それは今までで最も刺激的なプレゼンテーションだった。各プロトタイプを紹介し、たとえば人間工学、機能、形状、適合性、色、質感について判明したことすべてを共有

した。その結果この上なくポジティブなフィードバックを得ることができた。"他のいくつかのデザイン会社"が高光沢のブラシの柄のアニメーションレンダリングを回転させて、コンピューター画面でクライアントに見せたことも知った。彼らは1つもものを作ってはいなかった(フェーズ2に進めたのは誰か、おわかりだろう)。

　ニューヨークのSchool of Visual Artsにプロダクツ・オブ・デザイン卒業プログラムを設けた最初の年(キャスリンも最初の卒業生の1人)、私は"No Prototype, No Meeting(プロトタイプのないミーティングに意味はない)"と書かれたポスターを製作した。そのポスターは現在も貼られていて、今や一種の校風となり、学部の教授法のスローガンにもなった。私がそれを書いたのは、プロジェクトに共同で取り組んでいる少人数の学生のグループが話をしている姿にしょっちゅう遭遇したからだ。とにかく話してばかりいる。学生たちは(他のアイデアを次々に引き出すようなジェネラティブな)アイデアをたくさん生み出す"方法を構築する"のではなく、(すばらしい1つの)アイデアを"考え出そう"としていた。私はそれをやめさせて、各自で"何かを作り"——たとえたった30分間でも——、再び集まってそれぞれが作ったものに対する意見を言い合ってみたらどうかと提案した。すると、驚きの結果が出た。学生たちは常に、アイデアや発見、新たな方向性を山ほど見つけ、活力と好奇心と熱意に満ち溢れて戻ってきたのだ。彼らは満足していた。そして、本当に有意義な何かを作り出す道をまさに踏み出そうとしていた。

　本書『デザイナーのためのプロトタイピング入門』で、キャスリン・マッケルロイはプロトタイプの価値を特別に教えてくれる。だがそれだけではない。プロトタイプの価値を主張するのみならず、プロトタイプ、手法、根拠を区別し、説明するための語彙を与え、その潜在的な影響力を最大限発揮できるよう力を貸してもくれる。

　彼女自身が狙ったかどうかは定かではないが、キャスリンがしたことがもう1つある。章を追うごとにその内容の詳細と具体性を強化していき、前の章にわかりやすく並べた用語や主張をうまく活かしながら、自分の意見に磨きをかけ、複雑さを

構築していく。そう、彼女が言うように、ある意味キャスリンは読者のためにストーリーをプロトタイピングしているのだ。

　そして本書を読み終える頃には、包括的で説得力のある、何より実行に移せるデザインのアーティファクトを得ることになる。あなたはきっと、本書で学んだことを明日からすぐに実践できるし、プロトタイピングの役割に対する考えは180度変わるはずだ。本書はあなたの思考の一部となり、話をするときには辞書として役に立ち、何かを作るときの習慣となり、気持ちを湧き立たせてくれるだろう。大げさなようだが、この本ならそれができる。これはもはやプロトタイプではない。本物なのだ。

アラン・チョチノフ
SVA MFA プロダクツ・オブ・デザイン　教授
CORE77パートナー
2016年11月

はじめに

　市場には毎日新しいスマートオブジェクトやアプリが何百と投入されているらしい。そうした厳しい競争のなか、自分のアイデアが影響力を発揮し、人々がそれを買ってくれるかなんてどうしてわかるのだろう。ビジネスのプロなら、市場調査をして実行可能なセクターを見つけた経験があるだろうし、アイデアを持つチームと協力して実用最小限の製品（MVP）の製作を急いでいるところかもしれない。いずれにせよ、あなたの作る新製品やアプリが理想の顧客にメリットを与えると心から確信するにはどうしたらよいだろう。どうすればチームが正しいソリューションを追及していると自信を持てるのだろうか。

　ユーザーに影響を与えるような、価値ある製品を作る最良の方法。それがプロトタイピングとユーザーテストだ。プロセスを通じ段階的にプロトタイプを向上させていきながら、意義のあるフィードバックを集めて製品の改良につなげる。仮説と隠れたバイアスに対する単なる直感を信じるのではなく、実際の人々に働きかけて、彼らがプロトタイプをどう使うかを観察するべきだ。こうした直接的なインタラクションにより、ユーザーがどこでつまずくか、何が理解できないか、エクスペリエンス全体に対する感情的な反応はどうかを正しく掴みとれるだろう。プロトタイピングは、エンドユーザーのニーズを満たす優れたエクスペリエンスを開発するカギなのだ。

　本書の目標は、プロトタイプを実践する企業の事例、ベストプラクティス、試行錯誤のプロセスを紹介しながら、トピックに関する基本的な知識を与えることだ。この本がプロトタイプを作るだけにとどまらず、プロトタイピングの習慣を身につけるきっかけになってほしいと思う。いろいろなやり方でアイデアをテストし、有益な知見を得て前に進むための方法を学習できるはずだ。ぜひともプロトタイピングの文化をチームや会社に構築してほしい。その文化が活力を吹き込み、チームはあらゆるフォーマットでフィードバックを集め、同僚たちは互いに役に立つ建設的なフィードバックを与え合いながらアイデアを向上させることができるだろう。

プロトタイプの作り方を身につけるには時間と労力がかかる。そして、スキルを伸ばすにはとにかく作り始めるより他に手はない。本書は、当て推量せずに最初のプロトタイプを作り、仮説やアイデアの正当性を実証する新しい方法を見つける力になる。

なぜこの本を書いたか

私がプロダクトデザインを勉強し始めた頃、プロトタイプの作り方はほとんど独学で覚えた。専門書もわかりやすいオンラインリソースもなくて、あるのはたくさんのオンラインチュートリアルと事例だけだった。限られたサポートによってわかったのは、試し、作り、学ぶのがアイデアをテストするいちばん効果的なやり方だということ。つまずきながらも、私は作りながら学び、フィードバックを得て、デザインを繰り返しゆっくりアップデートしていった。このプロセスはときに苦痛だったが、失敗から多くを学習することができた。

なかにはテストの前とかユーザーテストの最中にプロトタイプが壊れるという失敗もあった。その結果、実際の人々を対象にしたテストに耐えられるようにするには、ウェアラブルのプロトタイプにどの程度の堅牢さが必要かを学んだ。私がプロトタイプを丁寧に扱っても、他の人たちはそれをまだ頼りない初期バージョンではなく、実際の製品と同じようにかなりぞんざいに扱う。論文プロジェクトのために製品アイデアのどの部分を形にしてテストする必要があるかを決めなければならなかったときは、初期段階のテストで使えないバージョンをいくつか作ってしまった。それにより、目的に合った有用なプロトタイプを確実に作るには、作業に入る前に、テストによって明らかにすべき仮説を決めておく必要があるとわかった。

この本がプロトタイピングのベストプラクティスを学ぶたいへんな作業をいくらか軽くし、アイデアが浮かんだらすぐに行動を起こし、試し、実際のユーザーにテストをおこなうきっかけになるといい。経験による学習。これに勝るものはない。よってこれからベストプラクティスとヒントを含むプロトタイプの多くの例を紹介しながら、プロトタイプの作成に慣れるよう力をお貸ししよう。

みなさんは、フィジカルプロダクトとデジタルプロダクトのプロトタイプを作り、アイデアをテストする方法を学ぶ。"フィジカルプロダクト"という言葉には非常に広範な種類の製品が含まれるが、本書の目的上、フィジカルコンピューティングを重視したパーソナル電子装置にフォーカスする。フィジカルコンピューティングは、"アナログの世界を感知し、反応できるソフトウェアおよびハードウェアを使用して、インタラクティブなフィジカルシステムを構築すること"を意味する。これには、センサー入力と何らかの出力を持つ、スマートオブジェクトやウェアラブル、モノ

のインターネット（IoT）などの電子装置が含まれる（図P-1）。ただし、独自の厳密なプロトタイピング慣行を持つ従来型のインダストリアルデザインは含まれない。

図P-1
フィジカルコンピューティングの製品には、電子装置、スマートオブジェクト、ウェアラブル、IoTなどがある。
（写真提供：doctorow〈Flickrユーザー〉）

　デジタルプロダクトとは、ほとんどがスクリーン搭載の装置で使用されるソフトウェアやアプリケーションで、スマートフォンアプリ、ウェブサイト、ウェブアプリ、タブレットアプリ、コンピューターソフトウェア、企業レベルのソフトウェアなどが含まれる（図P-2参照）。同じようにiPhoneからAndroid、WindowsからMacまで、すべてのプラットフォームを含む。独立型の場合もあれば、フィジカルとデジタルを1つのプロトタイピングに融合するスマートオブジェクト用のコントロールインターフェースの場合もある。

図P-2
デジタルプロダクトにはアプリ、ウェブサイト、コンピューターソフトウェア、企業レベルのソフトウェアなどがある。(写真提供：Kelluvuus〈Wikimediaユーザー〉)

　今やこれら2つの領域は融合して多様なプロダクトエクスペリエンスを生み出しており、デザイナーはデジタルとフィジカル、両方の世界で仕事をすることができると考えられている。両タイプの製品について同時に考えるように力を貸すことで、本書はあなたの世界を広げるだろう。ユビキタスコンピューティング(ネットおよび相互接続されたスマートオブジェクトのネットワーク)がそのトレンドを引っ張り、あらゆる製品にマイクロプロセッサーが組み込まれ、オブジェクトは互いに干渉し、センサーとデータを使って個々のユーザーのためにエクスペリエンスをカスタマイズすることを可能にする。言いかえるなら、これは"モノのインターネット（IoT）"——一つひとつのものがセンサーを内蔵し、データを他のスマートオブジェクトや制御インターフェースに送信する——だ。
　電子装置とユーザー中心のデザインというまったくかけ離れた世界をつなぐために、これらの媒体の両方を駆使したプロトタイピングをテーマにしたこの本は理にかなっている。どちらのプロトタイピングもプロセスは同じで、価値は高い。そして、この本を書けるのは、スマートオブジェクトやウェアラブル電子装置の製作経験を持ち、IBMで今企業レベルのソフトウェアデザインに取り組んでいる私ただ1人だ。2つの世界を1つにすれば、あなたはコンフォートゾーンからちょっと外に踏み出し、実際のプロトタイピング作業で何か新しいことに挑戦できるようになるだろう。

本書を読むべき人

本書の理想的な読者は、デザインプロセスの向上に熱心な人だ。初級〜中級のデザイナーのために書いた本だが、(フィジカル、デジタルを問わず) プロダクトデザインにキャリア変更しようとしている人に特に適している。とはいえ、その条件は他の多くの人々にもあてはまる。

　自分的にはすごいと思うDIYプロジェクトがあって、規模を大きくしたり販売したりするのに時間やお金を多く投資するより先に、それをテストする方法を見つけたい人。プロトタイプを作るべきなのはわかっていても、それを今のワークフローやアジャイルチームにどう組み込めばいいかがわからないプロダクトマネージャー。ステークホルダーに影響力を発揮するためのユーザーテストやデータによるデザイン意思決定の裏づけに関心がある人。

　プロトタイピングは継続学習をきちんとした形式にあてはめたものである。広い心を持ち、スキルや専門技能を伸ばしたいという意欲のある読者は、この本から最大限の利益を享受できるだろう。頭を柔軟にして、プロダクトエクスペリエンスとともに自分自身を向上させよう。

　本書は実行可能なスキルを幅広く確立する助けにはなるものの、特定のソフトウェアの使用方法は取りあげない。チュートリアルを探しているなら、新しいソフトウェアの所定のレッスンをおさめたオンラインビデオが豊富にある。ソフトウェアは次々生まれ、マニュアル本が1冊出版される頃にはもう時代遅れになっていることがほとんどだ！ 本書はプロトタイピングの基礎をしっかり教え、それを自分がいちばん使いやすいソフトウェアに容易に適用できるようにする。Adobe Illustrator／Photoshop、Sketch、InVision、Axureなど、どんなソフトを使おうと、本書を読み終える頃には有益なプロトタイプ作成を意識してアイデアをとことん考える力が身についているだろう。

本書の構成

第1章はプロトタイプとは何かをさまざまな業界の事例とともに説明する。アジャイルプロジェクトのマネジメント手法を含め、プロダクトデザインについて検討する。

　第2章ではプロトタイプを作る目的を掘り下げる。アイデアのテストだけでなく、プロトタイピングには他に3つ大きな目的 (理解、コミュニケーション、重要性の主張) がある。それぞれの違いとプロトタイピングが及ぼす影響について説明する。

　第3章のテーマは忠実度。低〜高忠実度と忠実度の5つの要素 (ビジュアルの精度、機能の幅広さ、機能の深さ、インタラクティビティ、データモデル) を扱う。忠実度の選択に必要

な直感を養えるようフィジカル、デジタルプロダクト両方の事例をたくさん紹介する。プロトタイプをどこまで作り込むべきか確信が持てないときはいつでも、この章が大いに参考になるだろう。

第4章はプロトタイピングのプロセスについて述べる。スタートのきっかけとして、まず一般的なステップを持つ実用最小限の製品（MVP）を取りあげる。それから、プロトタイプの目的に応じてさまざまな状況に合ったプロトタイプを作るための3通りのプロセスについて説明する。検討するのは探索中心、ユーザー中心、仮説中心のプロセスだ。プロセスが実際にどう機能するかを知るために、ハンドメイド作品のオンラインマーケットプレイス、Etsyのデザインチームのケーススタディを取り上げ、プロトタイピングが特定のプロジェクト立ち上げの成果にどのように利益をもたらしたかを明らかにする。

第5章はソフトウェア、アプリ、企業レベルのアプリケーションなどのデジタルプロダクトのプロトタイピングに注目する。アニメーション、レスポンシブデザイン、アクセシビリティのデザインといった、ソフトウェアならではのデザイン要素について説明する。低忠実度のペーパープロトタイプから高忠実度のコーディングプロトタイプまでをカバーし、どのプロトタイピング・ソフトウェアにも適用可能なベストプラクティスを検討する。最後にスタジアムエクスペリエンスを生み出したIBM Mobile Innovation Labのケーススタディを紹介する。この複雑なプロジェクトには、iPhone、iPadおよび大型画面TVのためのプロトタイピングと、フットボールの試合を見に行く没入型エクスペリエンスのプロトタイピングが含まれる。

第6章がフォーカスするのはフィジカルコンピューティング・プロジェクトのプロトタイプの作り方だ。材料、電子装置、コーディングなど、フィジカルプロトタイピング特有の要素を取りあげる。さらに、忠実度の低い回路図から、忠実度の高いテストユニットまでを写真や事例を交えて紹介する。Richard Clarkson Studio が製品の改良と新製品の創出のためにどのようにアイデアのプロトタイプを作るかを明らかにするケーススタディで締めくくる。

第7章は、プロトタイプをユーザーテストして影響力の大きな知見を得る方法を教える。リサーチ計画の書き方を説明し、参考にできる事例を示す。それからユーザーの見つけ方やリサーチの実施方法について話し合う。最後に、すべてのテストで書いたメモをまとめ、知見を探し出し、改善すべきペインポイントを見つける手伝いをする。

第8章はIBM Mobile Innovation Labのケーススタディを通じてすべてを総括する。彼らはSXSW（サウス・バイ・サウスウエスト）のために、一人ひとりに合うお勧めビールの提案を体験する"テイスティングエクスペリエンス"を作った。フィジカルのユーザーインターフェース（画像認識技術を駆使したインタラクティブなバーの天板）、デジタルのバーテンダー用iPadアプリ、視覚表示アニメーションの開発およびテストのプロ

セスをひと通り紹介する。

　第9章は本書の内容全体のまとめである。あなたには、今のプロジェクトやアイデアのプロトタイプを作る手段を見つけるという課題が与えられる。

　読み終える頃には、ニーズに適したプロトタイプをさまざまな忠実度のレベルで作成する方法を理解できているはずだ。ユーザーテストをおこなって最良の知見を集め、製品をもっとよくするにはどうすればいいかもわかっているだろう。そして、今実行中のプロジェクトのためにプロトタイピングの次なるステップに進む意欲がみなぎっているに違いない！

謝辞

家族や友人、同僚、コントリビューターの献身的な支えがなければ、この本は完成しなかったでしょう。誰よりもまず、多忙な執筆期間と付箋の山に目をつぶり、この本を最後まで書き続けるよう励ましてくれた夫に感謝。リスクをとって才能を共有する人間に私を育てた両親にも感謝。ささやかなお礼にこの本を贈ります。

　アラン・チョチノフ、そしてMFAプロダクツ・オブ・デザイン・プログラムと教員のみなさん、失敗から学ぶ環境と機会を提供し、試行錯誤を通じたプロトタイプの方法を教えていただき、ありがとうございました。

　O'Reilly編集者のアンジェラ・ルフィーノには惜しみないサポートを、メアリー・トレセラーとニック・ロンバルディには、この上なくすばらしいオーディエンスにプロトタイピングについて語り、そして書く機会をいただき、感謝しています。

　IBMで毎日刺激をくれる、強い信念を持つ同僚のみなさん、ありがとうございます。とりわけ、ケーススタディ、ストーリー、画像を集めるのに貢献してくれた、アーロン・ケトル、アイーデ・グティエレス・ゴンザレス、スシ・スータシリサップ、グレッグ・エフレイン、ポール・ロス、ありがとう。

　会話やインタビューを通してアイデアやそれぞれのプロトタイピングプロセスを教えてくれたみなさん、特にランディ・ハント、アレックス・ライト、クリス・ミルン、リサ・ウッズ、それからケーススタディで広く協力してくれたリチャードとエリン・クラークソン、クアン・ルオにお礼を言います。

第 1 章

プロトタイプとは何か？

この章では、プロトタイプとは何か、日々の作業でプロトタイプをどのように作るかについての見解を述べる。

あらゆるものがプロトタイプ

あなたが生み出すものやおこなう活動は何でも、よりよいものにすることができる。完璧に仕上がるものなどない。締め切りがきて時間切れになるだけだ。たとえ提供した製品に作り手が満足していたとしても、ユーザーはたいていフィードバックをよこし、新しいバージョンや将来の新製品のために調整や変更が必要になることは避けられない。何度テストしようとプロトタイプを作ろうと、製品には改善すべき点が必ず見つかるものだ。

オックスフォード英語辞典では、プロトタイプは「何か（特に機械）の、最初に作られる一般的なモデルまたは暫定モデルで、別のフォームの開発や複製の下書きになる」と定義されている。[*1] プロトタイプの語源は"最初の例"を意味するギリシャ語の *prōtotupos*。この定義に従えば、頭からアイデアを取り出して他の人に見える形にしたものなら、何でもプロトタイプと思ってよさそうだ。けれども、そこには極めて重要な要素が欠けている。それは何のために繰り返しプロトタイプをテストし、向上させるのかということだ。そこで私たちはさらに進めて、プロトタイプを"時間をかけて改善する目的のもと、他の人々に伝えられる形、あるいはユーザーテストが可能なフォーマットに落とし込んで、アイデアを明示すること"と定義する。もっと具

[*1] "プロトタイプ —— オックスフォード英語辞典におけるプロトタイプの定義"（2016年3月9日にアクセスして確認）https://en.oxforddictionaries.com/definition/us/prototype.

体的な意味を知りたいという人にも、この本は役に立つはずだ。ただし、1つお願いがある。プロトタイプとは何か、そしてプロトタイピングのスキルをどうすれば仕事や生活のあらゆる領域に取り入れることができるかについては、いつも柔軟な姿勢でいてほしい。

　定義がこれだけ広ければ、生活のなかでもアイデアをプロトタイピングしていることに気づく。引っ越しの前に新しい家の間取りをスケッチするとか、リビングの家具の配置を決める前にいろいろなレイアウトを試すのもプロトタイピングだろう（図1-1）。考案したレシピで料理を作り、出来栄えしだいで材料を変えるのもそうかもしれない。自分の目標を書き出して、他の人に公言したり、時々見返しては実現に向けて努力したり、途中で目標を変えたりするのも同じだ。この本だってプロトタイプだ。出版されたあとも技術やプロトタイプの手法は進化し続けるに違いないからだ。読者からのフィードバックや今後展開されるプログラムをもとに、これからこの本はさらによくなる。これらはどれも、テストして改善させることができるフォーマットに落とし込んだアイデアの例なのだ。

図1-1
さまざまな家具のレイアウト図は、室内装飾のためのプロトタイプ。

　プロトタイプが何であるかということについては、誰にもその人なりの考えがある。みなさんにも、プロトタイプはこうあるべきという基本の理解があるはずだ。開発者は、プロトタイプはコードが書かれているものでなければならず、最終的にプロダクション・コードとして使用されると考えるだろう。デザイナーならInVisionやSketchなどのプログラムで作る、クリック可能なモックアップがプロトタイプだと考えるか

もしれない。ビジネスのステークホルダーならばきっと、プロトタイプは完全な機能を備え、セールスチームがクライアントへのデモンストレーションに使える概念実証（POC）であるととらえるだろう。本質的に、プロトタイプは行動や経験のシミュレーションであればいいので、目に見える具体的な形にする必要さえない。こうした考えはどれも間違ってはいないが、プロトタイプの限られた側面でしかないのだ。

　経験豊富なデザイナーはもっと幅広いアプローチでプロトタイプを定義している。Etsy〔ハンドメイド作品を扱う最大のマーケットプレイス〕のデザインチームVPであるランディ・ハントは、映画セットの製作チームがさまざまなものを"オーディション"し、場面の背景に合うかどうか試しているのを見て、プロトタイピングもそれと同じだと考えるようになった。オーディションによって、場面や製品が文脈(コンテンツ)のなかでどう見えるかがわかるし、映像として永遠に記録される前に、実際の登場人物のやり取りのなかでものをテストすることができる。製品をユーザーの生活におけるアクターととらえるなんてみごとだ。いろいろな演技スタイルやキャラクターを試してから、デザインしている場面にぴったり合ったものに決めよう（図1-2）。

図1-2
セットの配置はさまざまな物が場面に合うかどうかをオーディションする1つの方法だ。
（写真提供：prayitnophotography〈Flickrユーザー〉）

　IDEO〔米国に拠点を持つデザインコンサルタント会社〕のプロトタイパー、クリス・ミルンはプロトタイピングをインタビューと呼ぶ。そこではアイデアの有用性を人に強く印象づけなければならない。言いかえるなら、プロトタイプにはインタラクショ

ンにおいてユーザーを感心させるような機能が不可欠なのだ。プロトタイピングによって、安全な場所でアイデアとユーザーとのインタラクションが可能となる。両者を対話させ、どこでウマが合うか、合わないかを観察しよう。そうしたやり取りからフィードバックを得て、ユーザーのためにデザインを改良し、再びインタビューする。プロトタイピングをこんなふうに広くとらえれば、ユーザーがそれぞれのニーズにぴったり合うものを見つけられるように、あなたがコントロールしている要素——プロダクトデザイン、インターフェース、エクスペリエンス、使用感——をさらに改善しようという意欲がわく。ユーザーが製品を使う場所（にぎやかな大通りか、それとも静かな自宅か）はコントロールできないかもしれないけれど、彼らが使いたくなるような直感的な製品を作ることはできるだろう。

　こうした幅広い定義なら、プロトタイピングを製品開発の多くの段階で適用し、プロトタイプの範囲を拡張することができる。「範囲」の意味は、"何かが扱っている、または関連する領域や主題の範囲"[*2]である。プロトタイプの範囲を広げれば、テストしてフィードバックを得られる機会領域は広がっていく。範囲が絞られた過去のプロトタイプはそれぞれ、製品開発のさまざまな段階で役立つ。しかし、現在の状況に適したものを選ぶには、プロトタイピングのすべての側面を考えなければならない。アイデアをテストし改良するためにプロトタイピングを実施する場合は、このプロセスに対するチームメイトやステークホルダーの期待を常に頭に入れ、なぜ各段階で方法を変えてプロトタイプを作成するのかを説明できるようにしておこう。たった1回だけ、あるいは特定の1つの方法でだけプロトタイピングをおこなうのではなく、プロセス全体を通してプロトタイピングを推奨するのだ。この本があれば、自信を持ってプロトタイピングの価値を主張できるだろう。

　何をプロトタイプとみなすかは、デザイナーのあいだでもしばしば議論が分かれる。特に対立が大きいのは、インタラクティブプロトタイプか静的プロトタイプかだ。テスト可能で改善できるものがプロトタイプだと考えるデザイナーもいれば、プロトタイプはあくまでもアイデアをインタラクティブに具現化したものだと言うデザイナーもいる（図1-3）。どちらの見解もそれぞれ正しいが、後者の考えだとアイデアをテストできる方法は限られる。インタラクティブだろうと静的だろうと、すべてのものをプロトタイプととらえ、可能なあらゆる手段を使って自分が立てた仮説をテストする機会としてプロトタイピングを活用すれば、常にフィードバックを受けて少しずつ改善していこうというマインドセットが養われ、それがやがて製品に大きなメリットをもたらすはずだ。

[*2] "英語における範囲の定義"、『オックスフォード英語辞典』(2016年3月10日にアクセスして確認)
https://en.oxforddictionaries.com/definition/scope.

図1-3

静的プロトタイプ（左）とインタラクティブプロトタイプ（右）

マインドセットとしてのプロトタイピング

プロトタイピングは、プロジェクトの完了までに1度やってそれで終わりというものではない。それは、できる限り最良の結果を目指し、不完全なアイデアをテストすることをいとわないマインドセットだ。未知のことを受け入れて、アイデアを早い段階で何度もテストすることだ。はじめのうちは、未完成で不格好なものを見せるなんて不安に思うかもしれない。初期段階からプロトタイプをテストするようになった頃、私も自分の作ったものが品定めされ、インタラクションに適さないとみなされたらどうしようと感じていた。私が設定したタスクを何とか終わらせようとユーザーが苦労しているのを見て、身がすくむ思いがしたものだ。

　仕上がっていないものを人に見せるのは不本意だ、せっかくなら磨きぬいて完成させた完璧なデザインを見せたいと思うだろう。しかし成功するには、批評を冷静に受け止め、自ら進んでフィードバックを得ようとしなければならない。多くのフィードバックをもらい、それをデザインに組み入れられるようになるにつれ、プロジェクトの成功にとっての長期的なメリットが見えてくる。しばらくすると、ユーザーや同僚からフィードバックをもらいたくてたまらなくなる。未完成のものを作業スペースのあちこちに掲示すれば、その場で会話が始まり、正式な批評セッションを開くきっかけになる。一つひとつのインタラクションがアイデアやデザインを改善し、強化していくだろう。

プロトタイピングを最大限活用するには、それをプロセスのありとあらゆる部分に組み込んで、いつでもフィードバックを求めなければならない。ユーザーフローをステークホルダーに見せて、あなたが正しいユースケースを追求していることをわかってもらう。ワイヤーフレームや電気回路図を同僚に見せて、デザインについて批評を受ける。エンドユーザーを対象にさまざまな忠実度のプロトタイプを使ってユーザーテストを実行する。どんなものを使ってもプロトタイプは可能だし、あらゆるものがプロトタイプなのだ。今作っているよりも性能のいい、優れたものは必ずあるのだから、プロトタイピングは何度でも実施しなければならない。そういう強い気持ちを持つには、時間をかけて実践を重ねていく必要がある。

　やがてこのマインドセットが自分になじんでくると、今度はプロトタイピングをチームに提案するようになるだろう。そしてプロトタイピングを経験し、あなたが披露する情報とテストに基づく成果を目の当たりにすれば、チームはプロトタイピングにもっと多くの時間を割いてほしいと思うようになる。ほどなくしてビジネスパートナーや開発担当の同僚が、プロトタイプを見たい、経験したい、プロトタイピングをプロジェクトのプロセスに組み入れてほしいと催促するようになる。プロトタイピングとリサーチが、チームの新製品発表日や将来取り入れる機能のバックログの優先順位を決めるのに一役買うことだってあるかもしれない。プロトタイピング・スキルが上達し、プロトタイプを迅速に作成する能力が高まるにつれて、実行できるテストの回数が増え、ユーザーが可能な限り最良の製品を手に入れられるようになるはずだ。

プロトタイプの例

プロトタイプを作ってアイデアをテストし、少しずつ改良を加えるアプローチは、多くの業界が取り入れている。ここからは、よく似た2つの例と、本書でこれから取りあげる2つの主な業界について述べていこう。原案を形にし、練り上げ、改良し、完成させるプロトタイプは、どの業界にもどの分野にもメリットを与えられる。

建築

建築家は、建築物の用途、動線、構造統合性、材料の選択、空調システム、機械・電気設備、配管設備、気流を含む複雑なシステムを構築しなければならない。彼らは図を描き、模型を作り、テストして、これらすべての要素を徐々に改善しながら、1つの建築物の経験全体を設計する。建築家のプロトタイプには、間取図（ユーザーの情報やニーズをふまえて何度も描く）、気流模型（部屋のなかの空気の動きを示し、スペース全体の換気をテストする）、昼光モデル（1日または1年の任意の時点に差し込む光量を測定し、窓のデザ

インを改良する)、材料研究、美観模型がある(図1-4)。もっと複雑な模型には、内装の雰囲気やスペースの経験をスクリーンとバーチャル・リアリティの両方でテストする、ウォークスルー・シミュレーションがある。ノルウェーのある建設会社は、実物大の間取図を作り、クライアントが実際にスペースを歩き回り、レイアウトや動線を確認できるようにした。*3

　上記のプロトタイプには決まった用途があり、模型のテスト結果に基づいて建物を改良する。プロトタイプを使って、建築家はさまざまな段階で下す設計上の判断をクライアントに伝えて承認を受け、最終的な仕様を現場で建設作業にあたる請負業者と技術者に伝えることができる。私は建築の学士号を持っており、建物やスペースの設計意図を伝えるための模型やプレゼンテーションの作り方を学んだ。つまり建築とプロダクトデザインの関係を身をもって経験している。かつて受けた建築関連のトレーニングの多くは、デジタルプロダクトのブループリントを描くときや、人々がインタラクトする電子機器を作るときに重宝する。

図1-4
建築家は模型やプロトタイプを製作し、間取図、気流、昼光、材料をテストする。
(写真提供:eager〈Flickrユーザー〉)

---

*3 Kurt Kohlstedt, "One to One: Full-Scale Floor Plans Help Architects Walk Clients Through Design," 99% Invisible, http://bit.ly/2gQ9I63.

インダストリアルデザイン

インダストリアルデザイナーは大量のプロトタイプを実際に製作している。フィジカルプロダクトの新しい形やフォームをデザインするとき、彼らは途中でテストをして、人間工学に基づいた使いやすいデザインか、デザインのフォームが製造可能かを確かめる(図1-5)。インダストリアルデザイナーはスケッチと模型の両方を使い、製品をデザインするさまざまな方法を考えている。

図1-5
OXO〔米国のキッチンツール・メーカー〕のグッド・グリップス・タテ型ピーラーの形状モデル
(写真提供:オクソー)

インダストリアルデザイナーのプロトタイプは、大量のスケッチ、発泡モデル、材料研究、美観模型、拡大・縮小モックアップ、最終的な形状などがある(図1-6)。いったん大まかなフォームを決めたら、最終製品と同じ材料を使ってプロトタイプを作り、学術的基準に照らして材料の寿命や人間工学に沿っているかをテストしてから、製造に適したものに仕上げる。インダストリアルデザイナーはその時間のほとんどをアイデアのプロトタイピングとテストに費やし、その後生産のための最終形状を決定する。プロトタイプを活用して、メーカーに最終的なデザインの決定事項

を伝える。プロトタイピングはインダストリアルデザインにとって欠かすことができないプロセスなのだ。

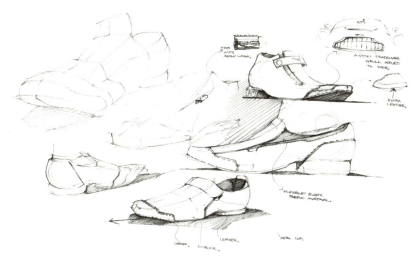

図1-6
インダストリアルデザイナーはスケッチとプロトタイピングを気が遠くなるほど繰り返してから、具体的なユースケースに合った適切な最終形状を選ぶ。（写真提供：カービー〈Flickrユーザー〉）

パーソナル電子機器

インダストリアルデザインの一部であるパーソナル電子機器を開発する際、デザイナーはまず形状のスケッチを描いてじっくり検討する。さらに、必要な電気コンポーネント（部品）を選んでテストし、それらを組み合わせるなど、何層にも重なる複雑さに対処して、最後にシステム全体を機能させる。どのコンポーネントを使用するかの判断は、最終的なデバイスのフォームファクタ〔ハードウェアの形状や大きさや取付位置などを規定した規格〕やレイアウトに大きな影響を及ぼす。

　そのためにデザイナーはシステムをテスト可能な小さな要素に分解し、最初に大きいほうの電気コンポーネントでプロトタイプを作り、時間をかけてそれらを組み合わせ、正しく動作させるためのコードを見つけてすべての機能を組み込む（図1-7）。全部のコンポーネントを一体化させ、それが正常に動いてからでなければ、より小型のコンポーネントを使うことも、実際の設定でユーザーテストをすることもない（図1-8）。このタイプのプロダクトデザインでは、材料試験と、必要に応じてデバイスをコントロールする関連アプリのプロトタイピングを並行しておこなう必要がある。電子機器のプロトタイピングのプロセスについては、第6章で詳しく検討する。

図1-7
コンポーネント、インタラクション、最終的な材料をテストするため、パーソナル電子機器やウェアラブル製品には詳細なプロトタイプが求められる。

図1-8
個々の要素を組み立てて、より複雑なプロトタイプでユーザーインタラクションをテストすることができる。

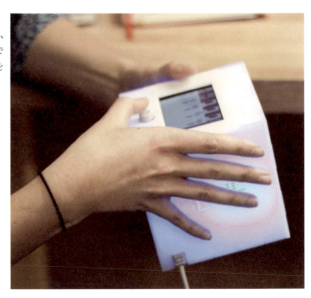

ソフトウェアとアプリ

ソフトウェアのデザイナーは、ユーザーが複雑なインターフェースとどんなインタラクションをして、どのように使い方を覚えていくのかを丹念に検討するためにプロトタイプを作る。たとえば、理想的なユーザーの経路を示し、ユーザーが必要とする機能を決定するためのユーザーフロー、テスト可能な形で作るワイヤーフレーム（紙製のものやクリック可能なもの）、コードを使ったプロトタイプ、視覚に訴えるようデザインされた、忠実度の高いプロトタイプ（図1-9）などがその例だ。初期の段階でデザイナーは1つの問題に対して複数のソリューションを掘り下げ、それらをユーザーでテストしてから今後の理想的な指針を決める。どのプロトタイプにも少しずつ改良が加えられていき、デザイナーはテスト結果をもとにプロセス全体を通してソフトウェアとのインタラクション全体を向上させていくことができる。

ソフトウェアのプロトタイプにはそれぞれに決まった用途と、テストしなければならない仮説や疑問がある。プロセスの早い段階のプロトタイピングでは、情報アーキテクチャ（ソフトウェアやウェブサイトの構造デザインと機構）をどう組み立てるべきか、全体のユーザーフローや製品のフォーマットをどうするかといった大局的な疑問がターゲットだ。後半になると、プロトタイプはさらに練り込まれ、スタイルやインタラクション・パターン、UIテキストなどの特定の要素をテストする。デザイナーはプロトタイプを使って、デザインをコードで実装または実行する開発チームにインタラクションを説明し、動作と機能を明確にする。アニメーションや高忠実度のビジュアルを見ることができれば、開発担当者が実現可能性（フィージビリティ）に関するフィードバックをし、作業の範囲を決め、最終製品を作るのに役立つ。

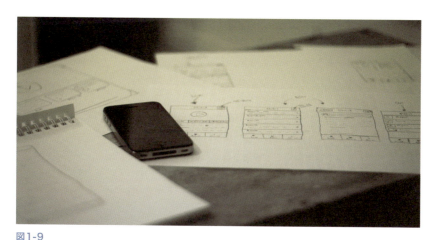

図1-9
複雑なインタラクションを開発するため、デジタル・ソフトウェアとアプリには最初のペーパープロトタイプ、クリッカブルプロトタイプ、高忠実度プロトタイプが必要だ。（画像提供：ヨハン・ラーソン〈Flickrユーザー〉）

製品のプロトタイピング

ここまでにあげたものの多くは製品開発の1つの形としてのプロトタイピングの例だが、プロトタイピングはただ新製品を考案するためだけにおこなうのではない。製品開発は、新しい製品やサービス、または経験を市場に投入するまでのいくつものプロセスを網羅し、事業戦略、市場リサーチ、価値提案、技術仕様、販売、デザイン、開発が関わっている（図1-10）。

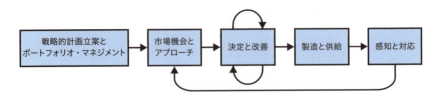

図1-10
製品開発プロセス

　そこで、初期の戦略セッションにデザイン部門を関与させるよう強くおすすめする。デザインチームがおこなう理想的なユーザーに関するリサーチを活用すれば、ステークホルダーは製品戦略（ニーズを解決し機能の優先順位を決定する方法）やロードマップ（将来新たに改良を実行するための計画）にさらに有意義な情報が得られる。事業戦略について詳しく知りたければ、ハイメ・レビー著『UX戦略—ユーザー体験から考えるプロダクト作り』やリーンスタートアップ関連の書籍（O'Reillyから発行）が参考になる。

　うまくいけば、さまざまな部門が関係するこうしたプロセスは顧客をすこぶる満足させる。ところが企業では、最初の段階や市場リサーチに携わるのはステークホルダーかソリューションを考案するエンジニアだけ、というケースが少なくない。デザイン部門は根幹をなす多くの意思決定で蚊帳の外に置かれ、開発サイクルのほんの一部にしか関われない。

　今、あなたの会社のステークホルダーの戦略にデザイナーが含まれていないとしたらどうだろう。どうすればそこに加わることができるだろうか。いちばんいい方法は、たとえ求められていなくても、新たなデザインリサーチとデザイン作業のメリットを示すことだ。ステークホルダーはユーザーリサーチやプロトタイピングの価値をわかっていないようだし、知らないものを要求できるはずはない。

　リサーチによって得られた知見をいつものプレゼンテーションに盛り込むようにしよう。問題を解決する方法に関する知見と提案の両方を提示して、他の人の意見を遮ってネガティブな空気を作るのでなく、ポジティブな流れが生まれるように心がける（図1-11）。チームのじゃまをして「ノー」と言ってはいけない。ユーザー重視の

現実的な理由をあげて、チームが正しい方向を目指せるよう力を貸すのだ。

　リサーチの知見と提案の価値がわかってくるにつれ、ビジネスチームや開発チームはプロセスの早い段階でそれを要求し、意思決定に活かすようになるだろう。ゆっくりとした進歩だが、既存企業で働き会社に情熱を注いでいるのなら、やってみる価値は大いにある。

ユーザーテストからの引用

ポジ写真50枚とネガ写真50枚を手元に置いて使うなんて、私には現実的ではありません……

自分が持っている画像やインターネットで見つけた画像をもっと簡単に使えるようになりたい

提案
我々が提供する画像の使用を容易にし、検索した他のサイトの画像へのリンクを明記する。

図1-11
次のステップのための提案を盛り込んでリサーチの知見を提示する。

　理想的なユーザーにインタビューしてざっくりとしたプロトタイプをテストすることで、デザイナーはどんな方針に従って製品を作ればユーザーの問題が最もうまく解決されるかについて貴重な知見を得られる。この作業は最適な今後の方針をステークホルダーに明確にするのにも役立つ。また、最終的なデジタルプロダクトをプログラムする開発担当者、もしくは最終的な形状と製造仕様を作るインダストリアルデザイナーの密接な協力があれば、アジャイル開発プロセスにもなじむ。アジャイル開発ではチームは迅速にプロセスを進め、多様な形状のプロトタイプないしMVPを使ってアイデアをテストし、早い段階で失敗しながら、あるいは教訓を得ながら製品を改善することができる（アジャイルについては本章の最後にある補足を参照）。

　たとえば、私が作業していた開発担当者向けのアプリケーション・プログラム・インターフェース（API）〔あるアプリケーションを他のアプリケーションから呼び出して利用するための手順やデータ形式の規約〕には、アウトプットをカスタマイズしトレーニングする特別な方法があった。このトレーニングのために異なるいくつかのインターフェースをテストしたところ、なぜそんな特別な方法でトレーニングしなければならないのかわからないというユーザーの声を多く耳にした。ユーザーが求めているのは、もっと簡単でシンプルな方法なのだ。このフィードバックを、アルゴリズムを構築したエンジニアリングチームに伝えると、彼らはユーザーの要望に合わせてトレーニング戦略を変え、3カ月後の次回のリリースに間に合わせた。その

かいあって、それぞれのアウトプットをより迅速かつ容易にトレーニングできることに満足した開発担当者から、フィードバックがわんさと届いた。しかも次の1カ月間で有料ユーザーの数が3倍に増えたのだ。

この製品開発の枠組みとプロトタイピングプロセスの効果は、既存の大手企業、デザイナー、成功したスタートアップによって数えきれないほど証明されている。歴史上有名な一例が、チャールズ＆レイ・イームズがデザインのために作ったたくさんのプロトタイプだ（図1-12）。彼らはいろいろな材料を使い、人体に沿うフォルムを作り、仕上げるまでに数多くの方法を試した。彼らは、夢の椅子を頭のなかで作ることは誰でもできるが、その夢を本当に実現させるには、アイデアをプロトタイプ、そして製品として形にする、骨の折れる作業をおこなうより他ないと信じていた。

図1-12
チャールズ＆レイ・イームズはありとあらゆるタイプのプロトタイプを作り、開発の結果、積層合板を曲げる方法を思いついた。（写真提供：ルネ・スピッツとハイアート〈Flickrユーザー〉）

アジャイルについて

アジャイルは、継続的な顧客への引き渡しと緊密なコラボレーションを重視するソフトウェア開発におけるプロジェクトマネジメント手法の1つ。アジャイル宣言は以下を高く評価している。

・プロセスやツールよりも個人とインタラクション
・全体を網羅した文書よりも機能するソフトウェア
・契約交渉よりも顧客とのコラボレーション
・計画遵守よりも変化への対応

アジャイルは、"ウォーターフォール"と呼ばれる従来型のプロジェクトマネジメント・スタイルとはいくつかの細かい点で異なっている。ウォーターフォールはリニア型で、各ステップの成果物の受け渡しには決まった順番がある。たとえば、計画作成フェーズが完了しなければデザインフェーズは開始されない。デザインフェーズが完了してからでなければ、成果物が開発担当者に渡されて実装されることはない。

それに対してアジャイルは、時間枠の決まった"スプリント"を使って十分に動作するコンポーネントを短期間で提供する、反復型(イテレーティブ)でチームベースの開発アプローチだ。チームは手はじめにMVPのフル機能バージョンを作り、次のスプリントで新たな機能をいくつか追加して製品を改良する。各スプリントの長さは決まっていて(たいてい数週間)、終了時には成果物が完成し、レビューを受ける。スプリントによって作業はフレキシブルになり、テスト結果や技術上の制約しだいで方向転換したり、市場の反応をふまえて新たな機能の開発を優先したりすることが可能になる。

どちらのプロジェクトマネジメント方法にも長所と短所があるが、大半のソフトウェア開発チームは、新たに長期計画を立てなくても迅速なイテレーションと製品の改良が可能なアジャイル型アプローチに移行している。アジャイルもやはり、チームが作業をどんどん進めるのに役立つ"儀式"とか"セレモニー"と呼ばれるものを取り入れている。スプリント計画、デイリースタンドアップ(チームメンバーが前日に何をしたか、今日何をするかを発表する短いミーティング)、レビュー、レトロスペクティブなどだ。前の2つは、他のメンバーがその日にどんな作業をするか、スプリントの終了までに完了させたい目標は何かを全員が把握して、チームの足並みをそろえるためのものだ。スプリントの最後にチームは完了した作業のレビューをし、レトロスペクティブをおこなって次回のスプリントに向けて改善できることはないかを確認する。

では、プロトタイピングはこのプロセスのどこにおさまるのだろう。各スプリントで割り当てられるように、デザイナーは作業をワイヤーフレーム作りやプロトタイプの作成、プロトタイプのテスト、高忠実度のビジュアルデザインの完成などの、より細かいまとまりに

分ける。具体例として、私のチームでは開発プロセスの前にスプリントを設定する。そうすれば、デザインを作ってテストすることができるし、デザインを次のスプリントで開発担当者にコード化してもらうための用意ができる。デザインスプリントにプロトタイピングとテストを組み込んで、スプリント計画を立てるときにチームがそれをタスクとして必ず含めるようにする。デザインタスクはチームの計画全体を通して考慮に入れるべきであり、プロトタイピングも例外ではない。スプリント計画にプロトタイピングがまだ組み込まれていなければ、時間を確保するよう主張しよう。

　アジャイルにユーザーエクスペリエンス・デザインを組み込む方法についての詳細は、以下のリソースをチェックしてほしい。

・アジャイルワールドにおけるUXの実践：ケーススタディの結果
（https://www.nngroup.com/articles/doing-ux-agile-world/）
・アジャイルな環境におけるUXのための12のベストプラクティス
（https://articles.uie.com/best_practices/ および https://articles.uie.com/best_practices_part2/）

まとめ

プロトタイピングは、みなさんが自分のなかで、またはチームで育てる必要のある継続的学習のマインドセットだ。アイデアを頭のなかから取り出して、他の人が見える、あるいはユーザーを対象にしたテストができるような形にしたものなら何でもプロトタイプと言える。プロトタイプをよくしたいという気持ちがある限り、何かを作って本当に失敗することはない。プロトタイピングとテストは、建築、インダストリアルデザイン、パーソナル電子機器のデザイン、ソフトウェアデザインなど、多くの分野で日常的に実践されている。

　正しい問題を解決し、成長の見込みがある市場セクションで作業していることを確認できると、プロトタイピングは製品開発にプラスにはたらく。製品開発サイクルのあらゆる面において、プロトタイピングとデザイナーのアドバイスからメリットが得られるのだ。デザイン作業のプロセスの初期段階でステークホルダーに評価してもらうためには、ある程度の労力が必要かもしれない。しかし、市場リサーチのデータに加えてユーザー重視の情報を得ることは、長期的な製品開発にとって有益なのだ。

第 2 章

何のためにプロトタイプを作るか

プロセスの早い段階で繰り返しプロトタイプを作る大事な目的は数多くあるが、ここでは次の4つ——理解、コミュニケーション、テスト・改良、重要性の主張——について検討したい。共通点は多いものの、プロトタイプがなぜ有益で、なぜデザインプロセスのさまざまな部分に取り入れるべきなのかについては、それぞれの目的に独自の解釈がある。

理解

プロトタイピングは、今解決しようとしている問題を理解するだけでなく、解決すべき別の問題を浮かび上がらせることにも効果的な方法だ。ユーザーが抱えている問題は、こちらがもともと想定していたものとは異なる可能性がある。理解を目的としたプロトタイピングのプロセスは「問題発見」と呼ばれ、ユーザーの悩みの種の

図2-1
問題発見と探索調査はプロジェクトの方向性を決める一助となる。

根本的な原因を突き止めるのに役立つ。プロセスの初期に探索調査とプロトタイピングによる問題解決をおこなうことは有用だ。開発プロセスが進行するにつれ、方向性を変えるのはより難しく、コスト（時間とお金）がかかるようになるからだ（図2-1）。できるだけ早いうちに方向転換して、正しい方向を向いて製品作りをするほうが楽なことは、やがてわかるだろう。

　たとえばSegwayは、歩行者の歩行と車の運転のあいだに機会領域を見つけたにもかかわらず、問題空間のリサーチと検証に十分な時間を費やさなかった（図2-2）。彼らは立ち乗り式のソリューションでその問題に対処することに決めたが、いざ市場に投入してみると、利用可能なインフラへのアクセス、雨が降るかどうか、複数の乗客を乗せる必要の有無、彼らの価格ポイントにおける実行可能性など、それまでに立てた仮説はことごとく的外れだった。最初に実際のユーザーについてのリサーチとプロトタイピングを実施していたなら、別の問題に目を向けて、大成功をおさめられただろう。

図2-2
Segwayは製品デザインを修正できる早期のうちに問題を確認しなかった。

別のソリューション

作図やプロトタイピングにより、問題の把握に加えて、それを解決するさまざまな方法を数多く掘り下げ、理解することができる。これでいこうと決めたたった1つのソリューションを頭で考えているだけでは、煮詰まりやすい。初期段階では、最初の

原形的なアイデアに固執せず、思いつく限りたくさんのバリエーションを試すべきだ（図2-3）。掘り下げるのに最適なのは、ユーザーの問題を解決するいろいろなやり方すべてのプロトタイプを手早く作ること。それから、タスクベースのテストかA／Bテストをおこなって、1つのインタラクションの複数のバージョンを比較し、どれがいいかを決めればいい。あなたのアイデアとユーザーとのインタラクションを通じて、現時点のソリューションまたは問題の定義が正しいか、間違っているかについて貴重な裏づけが得られるはずだ。そうすれば、自分のアイデアや方向性の選択にもっと自信を持ってプロセスを進められる。

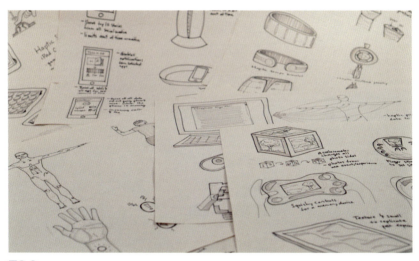

図2-3
問題解決のための多くの方法を検討する。

たとえば、図2-4に示したが、デジタルプロダクトのナビゲーションシステムのレイアウトには幾通りもの方法がある。モバイルアプリなら、画面の上か下のタブ列に配置するか、ハンバーガーメニュー（たいてい画面の右上にある非表示メニューを意味する3本線のマーク。クリックするとメニュー項目が表示される）に隠してもいい。画面の最上部に表示してスクロールできるようにしたり、スティッキーナビゲーション（スクロールしてもウィンドウの上部から動かない、固定されたナビゲーションバー）として固定したりできる。たとえあなたがハンバーガーメニューこそ製品レイアウトにうってつけだと思っても、ユーザーがメニューを開かない可能性もある。その場合、なかにあるオプションは絶対に見つけられない。進むべき方向が本能的にひらめいたとしても、いろいろなオプションを試して、ユーザーがアプリをナビゲートするもっと直感的な方法はないか探してみよう。

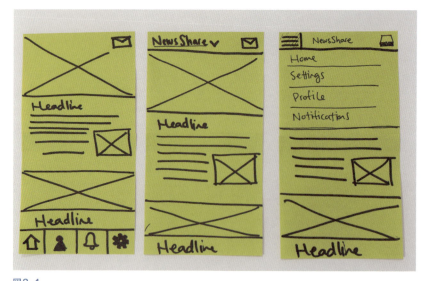

図2-4
さまざまなナビゲーションのオプションをテストすれば、ユーザーに最適なスタイルが特定される。

戦略の理解

プロトタイピングを活用して、競争環境、製品ポートフォリオの方向性、ユーザーの目標から、(第1章で検討した) 製品戦略を理解することができる。ビジネスの方向性を具体的なオブジェクトとして表して共有し、議論し、改良できれば、製品の意味を明確にするのに役立つだろう。たとえば、リーンキャンバス(図2-5)は、戦略のさまざまな側面を明らかにし、リスク、疑問、これからテストしなければならない仮説を持つ領域を突き止めるのに一役買うはずだ。キャンバスは何も書かれていないテンプレートで、あなたの製品やそれが出荷される市場を知ってビジネスモデルを構築するのに重宝する。製品サイドを理解するには、解決しようとしている問題、ソリューション、コスト構造、独自の価値提案、主要指標を記入する。市場を理解するには、優位性、顧客セグメント、収益の流れ、顧客との接点となるチャネルを記入する。この文書1つで、戦略を伝えることや、製品の方向性についてのプロダクトマネージャーの戦略を読み取ることができる。リーンキャンバスの詳細は、『Running Lean —実践リーンスタートアップ』(アッシュ・マウリャ著、角征典訳、オライリー・ジャパン、2012年)をチェックしてみよう。

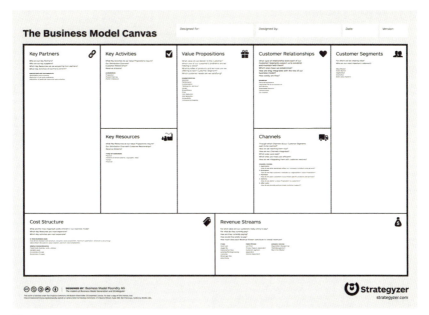

図2-5
リーンキャンバスは、新製品のアイデアに伴うリスクの優先順位を決めるのに参考になる。
(画像提供:ビジネスモデル・アルケミスト〈Wikimediaユーザー〉)

　リリースされるソフトウェアやフィジカルプロダクトにどんな機能が提供される
かを理解するため、長期的な製品ロードマップを作成しテストすることができる。
ロードマップは翌年の作業を優先順位のつけられた小さいまとまりに分けて示す
(図2-6)。これを参照すれば、次に何をすべきか、今後の作業計画がどうなっているか
がわかる。ロードマップは、チーム全体が常に長期目標を見据え、デザインチームが
途中で方向の妥当性を検証するツールとして有用だ。ロードマップは生きた文書な
ので、ひんぱんに修正を加え、作業やユーザーからのフィードバックをふまえて更
新し、優先順位をつけ直さなければならない。時間をかけて、プロジェクトの短期的
な方向性と長期的な方向性の両方を検討する必要がある。

写真アプリのロードマップ例

社内のベータ版	ベータ版のリリース	一般向けの提供開始（GA）
機能	機能	機能
・写真のアップロード	・いいねとコメント機能	・写真／動画フィルター
・写真の表示	・動画のアップロード	・フォローすべきおすすめユーザーの提案
・ユーザーのフォロー		
今日	年の中間	年末
第1四半期	第2、第3四半期	第4四半期

図2-6
ビジネスロードマップは、今後半年から1年間のプロジェクトで優先されるステップを説明する。

ユーザーフローの理解

プロセスの後半になると、プロトタイプはユーザーフロー全体と、各ステップで何をデザインする必要があるかを知るうえで助けになる。ユーザーエクスペリエンス（UX）を明確にし、インタラクティブな要素やコンテンツを含め適切なユーザーインターフェース（UI）をデザインするのに役立つはずだ。ユーザーフローのステップを一つひとつ明らかにしていくうちに、デザインの新たな側面を発見し目標を達成するにはユーザーに何が必要かをじっくり考えることができるだろう。理解はプロトタイピングのプロセスの基礎であり、プロジェクトのどんな段階を実行するときも力になる。

ユーザー中心設計

本書ではこの先、ユーザーが話の主役になることが多くなる。ユーザー中心設計とは、"システムを学び使うために考え方や行動を変えるようユーザーに求めるのではなく、人間であるユーザーがシステムをどう理解し、使いこなすかという観点からツールをデザインするプロセス"だ。[*1] 価値ある製品を生み出すには、リサーチを通じて最初にユーザーが誰であるのかを正しく認識し、潜在ユーザーにプロトタイプをテストしてフィードバックを集め、プロセス全体に彼らを関与させるのが最も確実なやり方だ。このプロトタイピングのプロセスについては第4章で、テストのプロセスについては第7章で考察する。

---

*1 "ユーザー中心設計入門"、Usability First（2016年3月9日にアクセスして確認）
http://www.usabilityfirst.com/about-usability/introduction-to-user-centered-design/

ユーザー中心設計の第一歩はユーザーの十分な理解だ。あなたの製品とインタラクションするユーザー、つまり製品を購入する顧客は具体的に誰なのか。もし"すべての人"とか"自分"などと答えているようなら、その製品は市場の誰にも響かない。それはやっかいだ。答えをあいまいなままにしておいたり、いっさい答えを出さないでいたりすると、すぐに思い知らされる。ユーザーは製品が自分たちのためにデザインされたものでないことを察知するのだ。たとえあなた自身がこれから作られる製品のユーザーだとしても、あなたのような人だけがその製品とインタラクトするわけではないし、他のユーザーがあなたとまったく同じメンタルモデル〔詳細は巻末の用語集を参照〕、すなわち思考プロセスを持っているとは限らない。とりわけ長期間プロジェクトに取り組んでいて、自分自身のバイアスをもはや意識できなくなっているときは、新しい視点を取り入れることが重要だ。

　理想のユーザーについて知るには、彼らに共感を持つ必要がある。まずは直接話して、習慣や好き嫌いを聞き出そう。デモグラフィック情報が役に立ちそうだが、仮説や無意識のバイアスを生じさせ正しい理解を妨げるおそれがある。デモグラフィック情報とは一般に、年齢層や経済的地位、所得レベル、教育レベルを指す。しかし、知りたいのはむしろ、1人の人間としてユーザーがどんな人なのかだ。あなたがユーザーのために解決するのはどんな問題だろう。何を解決すべきかを彼らにたずねてはならない。聞かなければならないのは、彼らがワークフローで抱えている問題だ。ユーザーがその問題に今どう対処しているか、どんなペインポイント（現実に存在する問題やユーザーが認識している問題）があるかを突き止めて、デザインの機会を探り当てよう。たとえば、好きなアプリは何か、どんな本を読むか、どんなテレビ番組を見るか、どんな活動をするか、ユーザーの日常生活について質問しよう。そこからうかがえるニュアンスが、誰のためにデザインしているか、彼らの生活を向上させるにはどうすればいいかを理解する助けになるだろう。

　そうしたリサーチを活用してユーザーの「ペルソナ」を作ることができる。ペルソナとは、サイトやブランド、製品を同様に使用すると思われるさまざまなユーザーのタイプを表す、架空の人物像だ。[*2] ペルソナは、ユーザーの典型的な行動、目標、スキル、考え方をある瞬間で切り取ったものである。リサーチによって常に情報が与えられ、更新される生きたアーティファクトなので、デザイナーやそのチームメンバーが製品デザインの意思決定をする際、いつでもユーザーをいちばんに意識するのに一役買ってくれる。

　ユーザーリサーチをしていないなら、ユーザーの視点に立つためにまず「共感

[*2] Wikipedia、"ペルソナ（ユーザーエクスペリエンス）"より
http://bit.ly/2gQbq7D

マップ」を作成しよう。これはユーザーが何を考え、感じ、言い、おこなうかを考察するもので、隠れたペインポイントを探し、ユーザーへの理解を深めることができる（図2-7）。共感マップやその作り方をもっと知りたい人は、その詳細とそれをもとにしたペルソナ作成の方法を説明したクーパーの記事（http://bit.ly/2gPAT14）に目を通すといい。得られた知見を裏づけるため、作成後は実際のユーザーにインタビューをしよう。

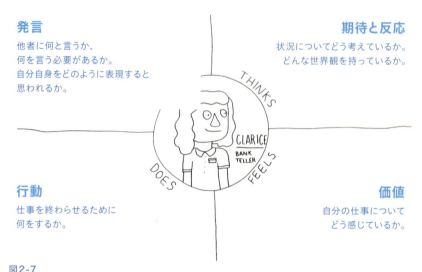

図2-7
共感マップはユーザーについての理解を深め、ユーザーの視点に立つのに有用だ。

　ユーザーが持つ問題を突き止めるのに最適なのは、彼らが現在その問題にどう対処しているかを観察することだ。リサーチとインタビューに基づいて「As-Isジャーニーマップ」〔現状分析のためのジャーニーマップ〕を作って、今のペインポイントが何かを調べることができる。As-Isジャーニーマップはユーザーの現在のエクスペリエンスをステップごとに検討し、プロセスのなかでユーザーが何をし、考え、感じているかを明らかにする（図2-8）。ジャーニーマッピングを終えたら、不満のある領域を見つけ、それらの問題のソリューションを製品やプロトタイプとして作ることができる。ジャーニーマップにペインポイントを見つけたら、どれが全体のエクスペリエンスにとっていちばん重大かを決めて、プロトタイピングのプロセスの指針に活用することができる。As-Isジャーニーマップのステップ別の作成方法は、UX for the Massesの記事をチェックしよう（http://bit.ly/2gPEMmB）。

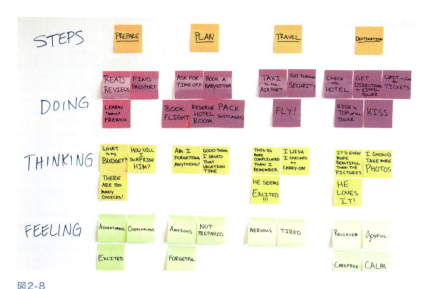

図2-8
As-Isジャーニーマップは現状と、あなたの製品で解決できるペインポイントの理解に役立つ。

　ユーザーはあなた1人ではないのだから、あなたが下すデザインの意思決定の多くは実は仮説なのだ。仮説とは、"証拠がないにもかかわらず、何かが正しいとか何かが起きると思う信念や感情"のこと。*3 最初のうちは、自分がどんな仮説を立てたかに気づくのは難しいかもしれない。意思決定をするたび、裏づけとなる証拠はあるか、それとも直感に従ったのかを自問しよう。そうすれば、ユーザーによって、あるいはさらなるリサーチによって、仮説を"答えを見つけるべき質問"に変えることができる。

　プロトタイプのテストは、仮説が正しいかどうかを示す証拠を明らかにして、そうしたたくさんの質問に答えをくれる。仮説に対処すれば、自分のアイデアやデザインへの自信が深まるだろう。ユーザーが自分のやり方を見つけ、目標をかなえ、製品に満足するかどうかがわかるはずだ。

　特定のユーザーのためにデザインし、常に具体的なペインポイントなり問題なりを中心に製品のアイデアやデザインを考えれば、市場の一角に食い込み、熱心な顧客を見つけられる可能性は高い。

---

*3 Oxford Learner's Dictionariesによる仮説(assumption)の定義
http://bit.ly/2gQay2D

コミュニケーション

プロトタイプは、頭のなかにあるアイデアをチームメンバーやステークホルダー、ユーザーに見える形にしたものだ。正しく使えば、それは強力なコミュニケーションツールになる。プロトタイプは思考をフィジカルまたはデジタルな媒体として明確化し、あいまいでざっくりとした思考を具体的なオブジェクトに変貌させる。プロトタイプがないと、アイデアを伝えても各自が自分なりのメンタルモデルを使ってアイデアを視覚化してしまうので、人によってバラバラな予想を1つにするのは難しくなるだろう。プロトタイプがあれば、漠然とした一般的な用語を使って話をするのではなく、作ったオブジェクトや画面を直接指し示して、短い時間で全員の認識を同じにすることができる。

出席するミーティングごとにプロトタイプがあるととても助かる。グループの仮説についてではなく、実際の作業そのものを中心に会話が進むからだ（図2-9）。そればかりか、おのずと話の焦点が共有しているプロトタイプの正確な部分に当たるので、時間が短縮されてより的を射たミーティングになる。

図2-9
プロトタイプはタスク中心で的を絞ったミーティングに役立つ。

コミュニケーションのためにプロトタイピングを活用する場合は、オーディエンスが誰で、何のために彼らとコミュニケーションするのかを把握しないといけない。仲間のデザイナーに見せる場合と、ステークホルダーや投資家へのプレゼンテー

ションとでは、作るプロトタイプは異なるだろう。ミーティングの目的がそれぞれ違うからだ。契約締結やデザイン批評には、ある種のプレゼンテーションやプロトタイプが必要になる。オーディエンスはプロトタイプに含めるべき内容とその提示方法を教えてくれる。プレゼンテーションをユーザーストーリー形式にして、実際のエンドユーザーによるプロトタイプの使用をオーディエンスにひと通り説明してもいい。他にも、最終的なインターフェースに望む外観や動作を開発者に伝えるためにデザインした、インタラクションのごく一部を見せることもできる。

オーディエンスと目標に応じて、忠実度を賢く選ぶ必要があるだろう。忠実度はプロトタイプがどれくらい最終製品に似ているかを示す（第3章で詳しく検討する）。他のデザイナーとの話し合いなら、プロセスのどの段階にあって、何を伝えるか、何についてのフィードバックがほしいかを念頭に、どの忠実度を選んでもいい。話し合いを最もよい方向に導くためには、フィードバックを求める前に正しい文脈を必ず説明しておこう。

たとえば、デザイン批評のためにアイデアを提示するなら、まず「このプロトタイプはビジュアルの忠実度は高いですが、まだプロセスはスタートしたばかりですので、ユーザーフローやCTA〔Call To Action, 行動喚起の意〕が直感的で一目瞭然かどうかについてご意見をいただきたいです」と言うといいかもしれない。そうすれば、デザイナーであるオーディエンスは視覚的なデザインについてのフィードバックではなく（「ここにもっとホワイトスペースが必要だ」など）、CTAにフォーカスしたフィードバック（「このボタンは思った場所に配置されていない」など）をすることができる。

同僚のデザイナーは、低忠実度のプロトタイプ（外見が最終製品と違うもの）に込められたアイデアやコンセプトを理解し、インタラクションの問題を解決する別の方法を検討するのに力を貸してくれる。そうした初期段階のコンセプトは、スケッチやペーパープロトタイプのようなシンプルな形で表現される場合がある。中忠実度および高忠実度のプロトタイプを活用すれば、ビジュアルデザインやプロセス後半のより複雑なインタラクションについて同僚からフィードバックをもらうことができる（図2-10）。他のデザイナーとの継続的なチェックイン・ミーティング〔今感じていることをありのままに話して共有すること〕は、問題やソリューションにアプローチするさまざまな方法を考えたり、現在進行中の作業を新鮮な視点でとらえたりするのに役立つ。とりわけ、デザインや主題を知り尽くしてしまい、隠れた新しい方向性に気がつかなくなるプロセスの後半には欠かせない。

図2-10
コミュニケーションのためのプロトタイプは、低忠実度、中忠実度、高忠実度で提示することができる。

　ステークホルダーとのミーティングでは、今プロセスのどの段階にあるかをはっきり説明し、これから見せるプロトタイプに対して正しい期待を設定しなければならない。たいていは、約束は控えめにして大きな成果をあげたいと思うものだが、オーディエンスはそれらが完璧な完成品でないことを知ったうえで、コンセプトを理解する必要がある。低忠実度のプロトタイプはユーザーフローやユーザーケース、機能について早い段階で見解を統一して承認を得るのに適している。インターフェースやデバイスなどのソリューションをデザインしている時点では、ステークホルダーに完成度を厳しくチェックしてもらう必要はない。忠実度の低いプロトタイプによってプレゼンテーションのコンセプトだけをわかってもらえればいいのだ。忠実度が高すぎると、彼らは作業が完了し、目の前にあるものが完成品だと思い込むかもしれない。製品が完成したと思われれば、ステークホルダーは決して的を射たフィードバックをしないし、考えを一本化できないままミーティングが終わりかねない。大半のプレゼンテーションでは、中忠実度あるいはさまざまな忠実度を組み合わせたプロトタイプを使うか、スタイルタイル〔デザイナーがフォントや色など、ウェブデザインのイメージをクライアントと共有し、方針を決定するためのツール〕で低忠実度のワイヤーフレームを表す多様なアセットを提供し、ビジュアルデザインまたはマテリアルデザインの方向性を示すやり方が最も確実だ。

　開発者や製品を作る製造業者とのミーティングなら、高忠実度のプロトタイプを作って、最終製品がどんな外観でどう機能しなければならないかを正確に示すのが最善だ。なかには、「レッドライン」（インターフェース内でサイズや間隔を示す注釈）やアニメーションの詳しい説明を求める開発者もいるだろう（図2-11）。製造業者が知りたい

のは、あなたが選択した寸法や材料、部品の仕様かもしれない。高忠実度のプロトタイプも完璧に機能しない可能性はあるが、プロトタイプ作業の範囲を正しく決めるためには、何を伝えたいかを決めなければならない。

図2-11
レッドラインはインターフェースの細かい寸法を示し、インタラクションを説明する。

　デジタルインターフェースの詳細を説明するには、補正ソフトを使って自分用のレッドラインやスタイルガイドを作るという手がある。そうしたソフトウェアの一例がZeplinで、これはSketchで作成したファイルをインポートして自動的にレッドラインを追加し、色やフォントサイズを抽出して使いやすいリファレンスガイドに表示してくれるツールだ（図2-12）。デザイナーと開発者の双方が作成されたガイドを活用し、正確な色やスペースを参照して最終製品を作ることができる。

　ミーティングやプレゼンテーションでプロトタイプを提示すれば、アイデアをうまく強調し、その後投資家や協力者にプレゼンする際に真剣に話を聞いてもらう後ろ盾にもなるだろう。結果、あなたは自分のアイデアをもっと信じるようになり、それを適切に伝えることに関しても自信を深められる。プロトタイプには、あなたが真剣に考え、労力をかけて、アイデアに気持ちを込めたことが映し出される。そうした思い入れに気づけば、オーディエンスはあなたやあなたのアイデアにもっと安心して投資するようになるはずだ。

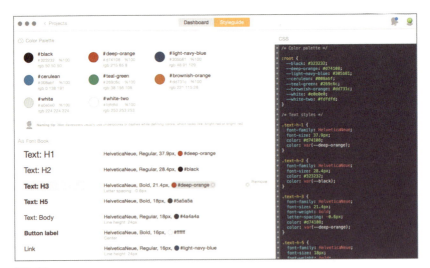

図2-12
Zeplinは、色やフォントスタイルなど、デザインの詳細を開発担当者に伝えるときに使うと、手間を省くことができる。

プロトタイピングの文化を育てる

プロトタイプを作り、プロトタイピングに対する個人のマインドセットを確立するだけでなく、常にフィードバックとユーザーテストを実行する文化を、チームで、会社で、またはスタートアップで醸成することが重要だ。よりよいものを作るために、誰もが同僚からのフィードバックを気楽に求めるようにならなければいけない。

　まだそうした文化が会社にないなら、すぐに取りかかるべきだ。まず模範的な行動を示して、仲間にも同じことをするよう促そう。本書で検討するアイデアのどれかを試して、会社の異なるレベルすべてにフィードバックループを取り込む第一歩を踏み出そう。ユーザーテストとプロトタイピングを重ねていくうちにあなたのデザインがどんどん改善していくのを見れば、同僚たちは彼らの仕事でも同様にあなたに助けを求めてくるに違いない。やがてプロトタイピングは共通言語となり、チームのプロセスにとってあたりまえの要素になる。

　1人か2人が現在手がけているものを提示して、デザイン、UX、製造面へのフィードバックをもらうセッションを、週に1回実行してみよう（図2-13）。でなければ同僚を何人か集めて、あなたが取り組んでいるさまざまなデザインオプションに関する意見を求めるのもいい。自分自身のバイアスを克服できるし、独りきりでないことも確かめられるだろう。

　全員の理解を統一し、作業に関するコミュニケーションを円滑にするため、プロトタイプをディスカッションの焦点にするよう要求して、ミーティングの質を向上

図2-13
直接批評を受ける機会は、デザインの向上やプロトタイピング文化の構築に役立つ。

させよう。(デザイン、ビジネス、または開発担当の)同僚やステークホルダーにユーザーテストをいっしょに観察してもらうというのはどうだろう。実際のユーザーが現バージョンを使うのに四苦八苦する姿を目の当たりにすれば、それが機能していない事実を認めないわけにはいかなくなる。

　もしそれでもプロトタイピングの文化が育つ兆しが見えなければ、違うやり方を試そう！　あなたが作っているものとまったく同じように、そのプロセスこそがプロトタイプなのだ。

テスト・改良

プロトタイプ作成の大半は、製品テストと改良作業が占めている。この段階では、対処している問題を正しく認識しているし、それをユーザーのためにどう解決すべきかについてのアイデアも数多くある。ステークホルダーからは提示した方向性で進めていいとの了解を得ている。直感で正しいデザインを選び、プロトタイプを作って1回だけユーザーテストをおこなうのではなく、プロセス全体を通して小さな仮説を繰り返しテストして、フィードバックをデザイン作業の指針として活用することができるのだ(図2-14)。

図2-14
アイデアのテストはデザインの方向性を決めるのに役立つ。

　そうした最初のプロトタイプを作るのは難しいかもしれない。時間をかけてプロトタイプを作りテストするだけの価値があるか確信できるほど、自分のアイデアに自信が持てない場合もある。だが、結論の出ないことをくどくど考えて、頭のなかでアイデアをこねくり回しているくらいなら、作ろう。長く待ちすぎると、仮説が増えすぎて、複雑なプロトタイプ1つではきちんとテストしきれなくなる。頭に何らかのアイデアが浮かんだら、ただちにプロトタイピングに取りかかろう。アイデアを形にして他の人に見せる。意見を出し合う。テストする。そして、改善するのだ。

　最初のプロトタイプというハードルを越えれば、テストすべき最も重要な仮説は何か、自分自身の感覚で考えを組み立てられる。プロセスの初期段階では、ユーザーのメンタルモデル、つまり世界観や思考プロセスを紐解き、テストする必要があるだろう。ユーザーが特定の用語や分類、使用パターン、ナビゲーションを理解しているという仮説に基づいて作られた製品なら、どれでもテストの対象になる（図2-15）。何がユーザーを混乱させるかを正しく知って修正できるよう、個々の未確定要素にフォーカスした小規模のテストをいくつかおこなうといい。　技術的な知識が求められる込み入ったインタラクションをデザインする場合は、あなたの製品理解が偏っているおそれがあるため、ユーザーテストの回数を増やしたほうがいい。プロセスが進むにつれてテクノロジーや製品についての知識が増えていき、あまりにも詳しくなりすぎて、ユーザーと同じ見方ができなくなる。インターフェースや製品の

図2-15
それぞれの用語を意味が通るように分類することをうながす付箋。専門用語とメンタルモデル、どちらのテストにもナビゲーションはとても重要。

テストは必ず、テストをはじめて受けるユーザーと2回目以降のユーザーの両方を対象におこなう。あなたが十分に説明したと思うことでも、はじめて目にする人からすればややこしい可能性があるのだ。

　結局のところ、プロトタイプはどれもただ1つの仮説を実証するためだけにわざわざデザインされるのだ。仮説はユーザビリティ、価値の証明、事業戦略に基づいて立てられる。以下にいくつか例をあげる。

- ユーザーは所定の機能の使い方を見つけられる
- ページの情報アーキテクチャは直感的だ
- ユーザーは選ばれた専門用語とUIテキストを理解する
- 製品とその機能には時間をかけて使ってみるだけの価値がある
- 現在のインターフェースデザインで、ユーザーは製品の理想的で完全な機能をひと通り使いこなせる

　つまりプロトタイプは使い捨てで、異なる別の仮説をテストするのには適していないのだ。あるアプリの情報アーキテクチャをテストするために作られた特定のプロトタイプでは、ユーザーがアプリ全体の価値を判断するのに必要なインタラクションは提供できない可能性がある。

プロトタイプを処分するのは心が痛むかもしれないが、テストをして知見が得られたならば、プロトタイプは目的を果たしたのだから、先に進まないといけない。"Kill Your Darlings〔お気に入りを捨てなさい〕"。これは、ユーザーが必要としないデザイン要素ばかりでなく、過程で製作したアーティファクトに対するアドバイスでもある。プロトタイプはプロセスの成果物であり、役割を終えたら、次の段階に進むべきだ。

　プロトタイプを使ったアイデアのテストは、よりよい製品作りに役立ち、情報に基づく今後の指針を与えてくれる。ユーザーが求めていることを推測するのではなく、ユーザーとのインタラクションから実際のニーズに関する有益な見解が得られるのなら、それは価値がある。そのうえ、あなたが受け取るユーザーのフィードバックからはチームも大きな恩恵にあずかれる。

重要性の主張

　プロトタイプとそれらをテストして得られる知見を活用して、ユーザーエクスペリエンスの重要性を訴え、方向性またはフォーカスの変更を後押しすることができる。プロダクトマネージャーやステークホルダーを含む規模の大きなチームや、大型の開発チームと仕事をする場合は、ただ目に見える結果を提示するだけではなく、デザインの意思決定の裏にある価値や根拠を実証しなければならない（図2-16）。

　デザイナーの務めは、ユーザーの立場を守り、メリットを与え、彼らの問題を解決する、最も直感的で最良のデザインを生み出すことだ。そのために何より効果的なのは、アイデアをわかってもらうのに、"デザインの力"に頼るのではなく、ユーザーテストの確たる結果を証拠として用意しておくこと。身につけなければならないのは、自我を抑えたデザイナーアプローチだ。謙虚な姿勢で仕事に臨もう。デザインは製品開発という大きなエコシステムの一部だ。デザイナーはエコシステム全体に価値を提供するが、他の視点を考慮に入れずにユーザーの都合ばかりを押し通せば、うまくいかない。ユーザーと同じようにチームとも共感を育て、彼らのじゃまをせずに価値を提供するよう努めるべきだ。

　信頼関係を築き、開発をより迅速に進めるためには、プロトタイプの作成とテストに大きなチームを関与させるべきだ（図2-17）。プロトタイプをチームミーティングで提示して、ユーザーテストの前にフィードバックをお願いしよう。あるいは、チームメンバーと協力し、テストする仮説に優先順位をつける。ビジネスやエンジニアリングの意見を拒絶したりせず、むしろ彼らの提案に耳を傾けて取り入れ、その仮説が正しいかどうかも明らかにするのだ。開発チーム全体に働きかけて、プロトタイピングに参加してもらえば、デザインはより受け入れられやすくなり、設計通りの実装が可能になる。

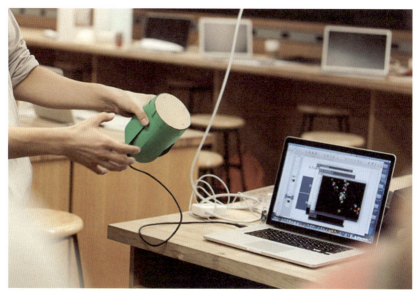

図2-16
プロトタイプを使ってアイデアを披露し、デザインの意思決定を説明しよう。

　例をあげると、かつてのあるビジネスパートナーは私のチームが製作しているウェブベースの製品の"フォールド〔画面領域〕"を気にしていた。その製品のほとんどのコンテンツはスクロールが短いのだが、サイトにはじめてアクセスしたときには表示されない。ウェブページの"フォールド"に関する話〔ユーザーはスクロールしない、といった定説〕が誤りであることは数々の文献で明らかになっていたものの、ビジネスパートナーは納得せず、ユーザーテストに参加して、ユーザーがページにアクセスするやいなやスクロールしてコンテンツを見ているのをその目で確かめた。そのために私たちは彼にユーザーテストの様子を観察してもらい、その他のテストの記録をつけて、フォールドには何の問題もないことに気づいてもらえるようにしたのだ。

　プレゼンテーションやユーザーテストの結果を知らせるときには正しいビジネス用語を使い、ステークホルダーにとっての成功やセールスを意味する言葉を盛り込むよう努めなければならない。結局のところ、ユーザーエクスペリエンスの質が高いほど、製品の市場性と有用性は高まり、そのユーザーが購入したり使用したりする可能性も高くなる。エクスペリエンスを向上させる最良の方法は、ユーザーテストの知見をふまえてインターフェースや製品を改良することがいかに重要かを訴えることだ。ステークホルダーにプロトタイプを見せるとき、そしてその人たちの製品がよくなるかどうかはあなたのデザイン作業しだいという状況で人間関係を確立するときは、その点を常に意識しよう。

図2-17
ステークホルダーや同僚にプロトタイプの製作およびテストに参加してもらおう。

まとめ

プロトタイピングは多くの点で有益だ。以下に4つの主な目的を説明する。

理解

具体的には、ユーザー、解決しようとしている問題、追求しているソリューションがそのユーザーにとって正しいことを理解する

コミュニケーション

デザインの方向性をステークホルダーやチームメンバー、顧客に伝える。デザインのフィードバックを得る。最終的なデザインの詳細とインタラクションを開発担当者、エンジニア、製造業者に指示する

テスト

ユーザーからのフィードバックをもとにアイデアを改善し、仮説が正しいかどうかを検証する

重要性の主張
　　特定の方向や指示について、それがユーザーリサーチの結果をふまえた正しい判断であることをステークホルダーに納得させる

　1つのプロトタイプが複数の目的——たとえば、テストをして、その結果を伝える——で使用される場合はあるが、期待を導けるように適切なプロトタイプを製作し、主たる目的を1つ把握しておくのがいちばんいい。上記の4つの目的によって、製品開発プロセスでプロトタイピングを活用する機会と方法の範囲は広がる。各目的に合ったプロトタイピングのプロセスについては、第4章で詳しく説明したい。

　開発の焦点をぶれさせず、現実の問題を解決する製品を作るためには、ユーザー中心のデザインアプローチをとることが最適だ。理想のユーザーを常に意識して、あなたが解決しようとしている彼らの問題に集中すれば、製品を形にし、テストして、実際のユーザーからフィードバックを得ることができる。

　要するに、プロトタイプをデザインプロセスのあらゆる箇所に組み込めば、職場や同僚にプロトタイピングの文化を構築することができるのだ。そうした環境が整えば、誰もがいつでも自分の仕事に対するフィードバックをもらい、仕事の成果を目に見える形で向上させることが可能になるだろう。

第3章

プロトタイプの忠実度

忠実度の選択はプロトタイプの製作においてとても重要だ。「忠実度」は、プロトタイプの見た目と動作が最終製品にどれくらい近いかを表す。忠実度が正しいとデザインの適切な側面に的を絞ったフィードバックが得られるので、プロトタイプの目標にふさわしい忠実度を選ぶようにしよう。忠実度にはいくつかのレベル（低、中、高の他にそれらの組み合わせ）と5つの要素（ビジュアルの精度、機能の幅広さ、機能の深さ、インタラクティビティ、データモデル）がある。どの忠実度にすれば必要なフィードバックが得られるかがわかるようになるには時間と実践が必要だが、忠実度の選択にはいくつかのベストプラクティスがある。

　プロトタイピングプロセスはたいてい、低忠実度からはじめて、仮説の大半がテストによって正しいと証明もしくは修正されるまで、ゆっくりとレベルを上げていくのが効果的だ。プロセスの早い段階ではプロトタイプをたくさん作り、アイデアが磨かれていくにつれ少なくしていく。テストするおのおのの仮説にどの忠実度が適しているかを決めるときは、柔軟でなければならない。プロトタイプの忠実度が高すぎると、ユーザーは無意識にデザインが"完成"したと思い、広範なコンセプトではなく最後の仕上げが必要な箇所についてのフィードバックしかしないだろう。反対にプロトタイプの忠実度が低すぎれば、ユーザーは文脈がわからず、漠然としたアイデアを前にして途方に暮れるおそれがある。プロトタイプを作るのにかかる時間や労力と、特定の忠実度のテストで得られる価値のバランスも大事だ（図3-1）。プロセスのどの段階にあるか、プロトタイプの目的は何かに応じて忠実度を選択、あるいは組み合わせれば、時間を節約し、アイデアを改善するのに必要な正しいフィードバックを受けることができるだろう。では忠実度の各側面について掘り下げていこう。

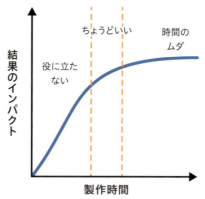

図3-1
インパクトや価値をもとに、プロトタイプにどれくらいの時間と労力をかけるかを決めなければならない。

低忠実度

低忠実度のプロトタイプは、核となるコンセプトを試し、初期段階の不安要素を取り除き、いろいろなアイデアを熟考し、修正できないほど大きくなる前に隠れた問題を把握するのに最適だ。この種のプロトタイプは最終製品とは似ても似つかない。媒体が違ったり、サイズが違ったりするし、一般にビジュアルデザインは施されない（ただしプロセス全体でデザインを考慮すべきではあるのだが）。

低忠実度のプロトタイプは最も簡単で費用もかからないうえ、完成に時間もスキルもそれほど要しない。たとえばペーパープロトタイプ、回路作成、ストーリーボード、ワイヤーフレーム、ムードボード〔コンセプトを伝える写真や材料を使って作るコラージュ〕、スケッチ、部品のプロトタイプなどだ（図3-2）。その目的は、ユーザーフローや情報アーキテクチャ（ラベリング、ナビゲーションのレイアウト、基本構成）、ユーザーのメンタルモデルを含む基本的かつ重要な仮説をテストすることだ。そうしたラフなプロトタイプなら、ユーザーはインターフェースやデバイスの実行や見た目のフィードバックにムダな時間を費やさずに製品の使用とフロー全体にフォーカスできる。

例をあげると、サイトの初期の情報アーキテクチャ（サイトがどのように構成され、特定のユーザー向けにどんな用語を使用し、ラベルを分類する最も直感的な方法は何か）に取り組むとき、私は最初にカードソーティングをおこなう（図3-3）。ユーザーにすべてのナビゲーションのページと名前が書かれたカードを渡し、自分にとって意味が通るようにカードをまとめるよう指示する。おのおの分類の方法は異なるので、そこからユーザーのメンタルモデルを理解できるし、ナビゲーションはそうしたさまざまなメンタルモデルすべてに合わせて機能するものでなければならない。カードソーティン

グは時間も材料も手間もほとんどかからず、テストするインターフェースも必要ないのに、ユーザーへの理解を深め、彼らによりふさわしい製品になるようレイアウトやナビゲーションを改良することができるのだ。

図3-2
低忠実度のプロトタイプはあらゆる形式をとり、高いレベルでコンセプトをテストできる。
（写真提供：ディレック〈Flickrユーザー〉）

図3-3
カードソーティングはユーザーのメンタルモデルを理解し、次のプロトタイプをどう作ればいいかを明らかにするのに役立つ。

カードソーティングが終わったらすぐに、提示されたナビゲーションまたは代替となるナビゲーションの結果を反映したプロトタイプを低忠実度で作成する。それには文脈を与えるために各ページのコンテンツをごく一部だけ組み込む。図3-4に示すように、このプロトタイプの見た目は最終的なサイトからほど遠く、構造だけを示した極めてシンプルなものだ。だが、ユーザーに特定の情報を見つけるよう求めると、彼らがナビゲーションラベルを理解しているか、ラベルはどのように分類されているか、どれくらいすばやく情報を見つけられるかをはっきり確かめることができる。このテストで得られるのはサイトのアーキテクチャ全般に関する情報で、私も経験したが、アーキテクチャはプロセスの後半で変更するのは難しい。初期段階で少し時間をかけて構造についての仮説をテストしておけば、製品が完成間近になってから厄介を背負い込むよりも、かかる時間と労力は少なくてすむ。

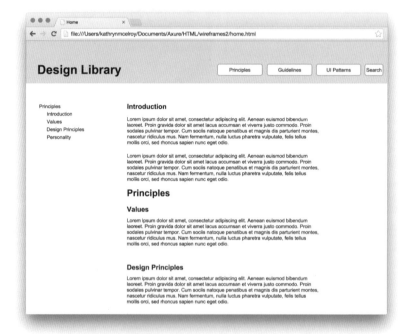

図3-4
低忠実度の情報アーキテクチャのプロトタイプは、ユーザーとナビゲーションのインタラクションにより効果的なテストを可能にする。

もう1つの例がブレッドボードの電子回路だ（図3-5）。特定のコンポーネント（部品）を使えばアイデアを試すことができるのだが、そのためにはまず各コンポーネント自体を動作させることから始める。低忠実度の回路で実験すれば、この先に作る高忠実度のプロトタイプにどのコンポーネントを採用すればいいかを決める参考になる。プロセスの初期であれば、私はいろいろな種類のマイクロコントローラー、ボタンとノブ、そしてLEDをいくつか注文して触ってみる。低忠実度で幅広く多様なオプションを試せば、次のプロトタイプや最終的なソリューションが万全なものになるはずだ。コンポーネントを別々にテストすることで、どのように回路内で組み合わせればいいかが掴みやすくなるし、コンポーネントがどう相互作用するかを思い描くことができる。

図3-5
ブレッドボードを使えば低忠実度の回路を作ることができる。

中忠実度

中忠実度のプロトタイプになると、先述した5つの要素のうち1つ以上（のちほど詳しく説明する）が最終製品に近づく。中忠実度のプロトタイプはコスト（時間その他）と価値とのバランスが優れている。ビジュアルデザインやインタラクション、機能、最終媒体を（本体や画面上、ブラウザ内、または物理的デザインに）組み込んだもので、たとえばク

リッカブルなプロトタイプ、スタイルタイル、Axureプロトタイプ、コーディングによるプロトタイプ、各種の電子的プロトタイプなどがある（図3-6〜8）。

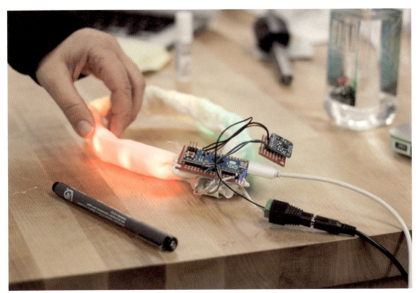

図3-6
中忠実度の電子的プロトタイプには、よりインタラクティブなコンポーネントが組み込まれる。

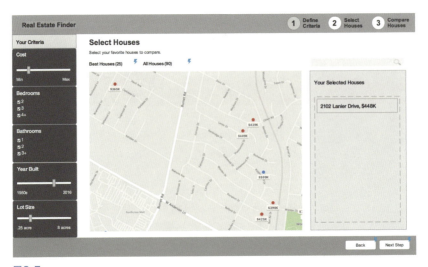

図3-7
中忠実度のデジタルプロトタイプは低忠実度のものよりも複雑。

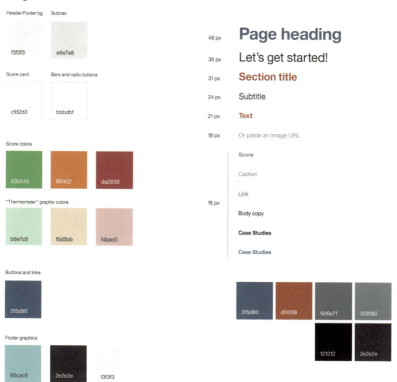

図 3-8
スタイルタイルを作成すれば、今後のビジュアルデザインを伝えるのに役立つ。

　中忠実度のプロトタイプはより詳細な仮説をテストできるものでなければならない。たとえば、ユーザーが特定のタスクのユーザーフロー全体をナビゲートできるとか、スマートオブジェクト〔コンピュータ制御されたオブジェクト〕なら、ユーザーは出力光とその表示内容を理解できるといったような仮説だ（図3-9）。低忠実度のプロトタイプより作成に時間がかかるが、インタラクションのさらに細かい部分をテストできるようになる。ユーザーに与えられるプロトタイプ自体の文脈が増えるので、より妥当なテスト結果が得られるはずだ。

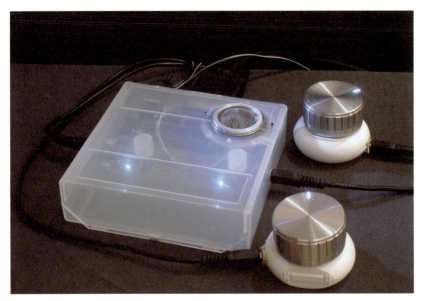

図3-9
この中忠実度の電子的プロトタイプによりユーザーは入力の制御と出力の把握がスムーズになる。
（写真提供：スヴォフスキ〈Flickrユーザー〉）

　中忠実度のプロトタイプは、低忠実度のプロトタイプを正しく"理解"できないかもしれないステークホルダーとのコミュニケーションに有効だ。コンセプトをより詳細に、具体的な文脈とともに提示するからだ。製作時間と作り込みの細かさのバランスがとれているので、ステークホルダーは（ブラウザのなかで、あるいはフィジカルオブジェクトとしての）実際の製品の見た目を想像する必要はないし、デザイン作業の方向性を確信することができる。

　Tempoと呼ばれる装着可能なアームバンド型心拍モニターを開発しているとき、私はインタラクションのさまざまな側面をテストし、ステークホルダーとコミュニケーションをとるために、中忠実度のプロトタイプをいくつか作った。腕に巻いたバンドは振動モーターを使って一定のパターンで脈を打ち、瞑想時の心拍をモニタリングしたり、ランニングのペースを設定したり、無音のメトロノームとしても活用することができる。1つのプロトタイプではユーザーが脈拍パターンのペースの変更と設定が可能だったが、部品の忠実度が低かったために日頃着用するには若干大きすぎた（図3-10）。そこで今度は、パターンをハードコーディング〔プログラムで使用する値などを、直接ソースコードの中に記載する方法〕して、日常生活で身につけられるより小型のプロトタイプを製作し、さまざまな活動に取り入れたときの詳細なフィードバックを集めた（図3-11）。

図3-10
完全な機能を備えた、製品アイデアの中忠実度のプロトタイプ

　前者のプロトタイプは、ユーザーがパターンを設定し保存できるスマートフォン用アプリの開発に役立った。後者は実際に着脱可能な最終製品の形状と快適性の改良を可能にした。それ以外にも、2つ目のプロトタイプは、製品の最終的なサイズとスコープをステークホルダーに説明し、承認を得ることにも活用できた。

図3-11
カスタマイズはできないバージョンのアームバンド

その他に、中忠実度のプロトタイプにはクリッカブルなワイヤーフレームがある（図3-12）。PoP InVision、Proto.io、Flinto、UXPinといったプログラムを活用し、シンプルなプロトタイプを迅速に作成して仮説をテストすることができる。このプロトタイプを作ったら所定のデバイス上でユーザーに操作させることが可能だ。スマートフォンのテンプレート上にスマートフォン用アプリを表示したり、ユーザーに実際のデバイスでアプリにアクセスさせて、文脈におけるデザインについてフィードバックを得ることもできる。

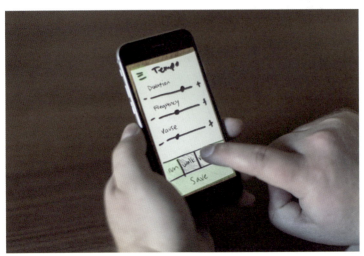

図3-12
さまざまなプログラムを活用して、クリック可能なバージョンのワイヤーフレームを作ることができる。

高忠実度

高忠実度のプロトタイプはまるで本物だ。ビジュアルデザインが施され、物理的材料やブラウザのコードの最終媒体で作られる。実際のコンテンツを持ち、大半のパスはクリックしたりインタラクションしたりすることができる。たとえば、非常に洗練された電子的スマートオブジェクト、コード化されたアプリ、すべてのデザインが完了したデジタルエクスペリエンスなどがある（図3-13）。この時点では、仮説のほとんどはそれまでのプロトタイプでテストされていなければならない。高忠実度のプロトタイプは、エクスペリエンス、アニメーションやモーション、フォントサイズの読みやすさ、長期間着用可能かどうかや、最終的なボタンのサイズなどに対するユーザーの反応全般のような、細かい点をテストするのにうってつけだ。製作時間

は長くかかり、スキルレベルは高くなり、完成させるためにはソフトウェアまたはコーディングも必要になる。

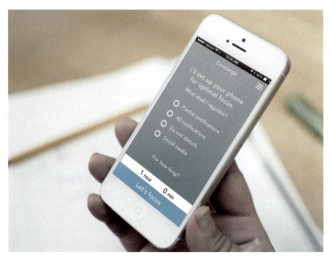

図3-13
高忠実度のプロトタイプは実際のエクスペリエンスと同じに見える。

　プロセスのこの時点では、今後製品の製作に関与する開発担当者、インダストリアルデザイナー、製造業者、エレクトリカルエンジニア（電気技師）などのチームで作業するのがベストだ。そうした人たちと協力してプロトタイプの製作に当たれば、作れそうなもの、実際に製造可能なものをデザインできる可能性が増す。直接いっしょに仕事はできないけれど、高忠実度のプロトタイプをテストしなければならない場合は、専門家に相談して実現可能性（フィージビリティ）に関するフィードバックをお願いしよう。それが済んだら、ビジュアル用のSketchやインタラクション用のAxureなどの特定のソフトウェアを使って複雑なデジタルプロトタイプを作るか、市販の部品でフィジカルプロトタイプを作ることができる。CNCフライス加工や鋳造、柔らかい素材の縫製、ないしは回路基板のプリントによって忠実度の高いフィジカルプロトタイプを作ることも可能だ。

　高忠実度のプロトタイプを使ったテストに適した製品の側面を以下にいくつか紹介しよう。詳細は第5章と第6章で説明する。

・アニメーションのテスト
・楽しい要素、アイコン、イースター・エッグ〔隠し機能〕
・特定のユーザーフロー
・製品のすべての使用

たとえば、開発中のソフトウェアの完成間近で、エンジニアリングチームとデザインチームが協力し、コーディングによる高忠実度のプロトタイプを最終的な製品の形状で作り、テストしたのち、結果が良好であればただちに生産に向けて動き出せるようにする(図3-14)。製品についての仮説のなかにはテストによって正しくないことが明らかになるものもあるかもしれないし、高忠実度のプロトタイプの製作にはコストがかかるので、このやり方には若干リスクがある。しかし、リリース前にテストする最後のチャンスを与えてもくれるのだ。製品のリリースは同時に製品を改良する機会でもあるので、最終製品の出荷後であろうと、大半のアジャイルチームはユーザーからのフィードバックや改善バックログをもとに製品の改良を続けるだろう。

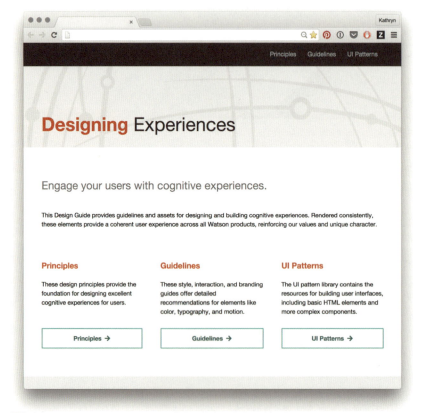

図3-14
製品と同じレベルでコーディングされたプロトタイプは、テスト結果が良好ならそのまま出荷できる可能性がある。

　忠実度を選ぶのに困ったら、表3-1を確認しよう。

表3-1 各忠実度の長所と短所

	低忠実度	中忠実度	高忠実度
長所	迅速。低スキル。安価。入手しやすい材料で作れる	よりインタラクティブ。テストが容易。かける時間と質のバランスがいい	ビジュアル、コンテンツ、インタラクションなどのデザインが完成している。極めて詳細なインタラクションをテストできる
短所	インタラクションが限られている。細かい点やフロー全体をテストするのは難しい。ユーザーに文脈がほとんど与えられない	時間がかかる割には完全には機能しない	相当な時間がかかり、ソフトウェアやコーディングのスキルを要する。大規模なコンセプトをテストするのは難しい
活用	ユーザーフローや情報アーキテクチャなど全体のコンセプトを掘り下げてテストする。さまざまなバージョンを数多く製作し、比較してテストするのに最適	特定のインタラクションや導かれたフローのユーザーテストをおこなう。文脈がより明確なため、ステークホルダーへのプレゼンテーションにもいい	極めて具体的なインタラクションや細かい点のユーザーテストをする。ユーザーフローの最終テストをする。ステークホルダーに最終的なデザインを提示する

忠実度の5つの要素

低、中、高忠実度のプロトタイプに加えて、忠実度の5つの要素——ビジュアルの精度、機能の幅広さ、機能の深さ、インタラクティビティ、データモデル——に優先順位をつけて組み合わせたプロトタイプを製作することができる。[*1] 各要素の忠実度はプロトタイプの目標に応じて異なる可能性が高い。自分なりの忠実度を組み合わせてアプローチを作れば、デザインの特定の部分にフォーカスしたフィードバックが受けられるだろう。これら5つの要素は、プロトタイプに何を盛り込み、目標に合わせて自分なりの忠実度をどう組み合わせればいいかを決める詳細なアプローチだ。

　プロトタイプを作るとき、私は自分の目標や仮説についてこれらの要素をひと通り検討し、どこに力を入れて作ればいいかを決める材料にしている。特定のプロトタイプにはどの要素が重要かを決めておくと、的を絞り、時間と労力を節約するのに役立つ。

[*1] Michael Mccurdy et al., "Breaking the Fidelity Barrier," Proceedings of the SIGCHI Conference on Human Factors in Computing Systems - CHI '06, 2006. doi:10.1145/1124772.1124959 .

ビジュアルの精度

忠実度といえばふつうビジュアルの精度の高さを思い浮かべるが、それは見た目を最終製品に近づけるのがいちばん簡単だからだ。ビジュアルの精度とは、インターフェースやフィジカルオブジェクトをどれだけピクセルパーフェクト〔デザインとコーディング後のブラウザの表示を1pxのずれもなく合わせること〕なデザインに近づけたか、どれだけ材料に改良を加えたかを意味する。

　目標（理解、テストなど）によっては、あえて低忠実度のビジュアルデザインを選び、アイデアがまだ固まっておらず、検討中であることを示してもいい。ビジュアルの忠実度の低い、大ざっぱな線で描いた箱型のワイヤーフレームやブレッドボードなどを使えば、ユーザーからのフィードバックは、色、材料の選択、込み入ったディテールに対する反応ではなく、ユーザーフローというより大きなコンセプトにフォーカスを当てたものになるだろう（図3-15）。

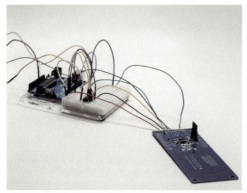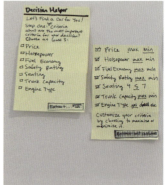

図3-15
全体に関する大まかなフィードバックを得るために、低忠実度のプロトタイプを選ぶことができる。

　プロセスが進んでくると、高度なビジュアルデザインをテストして、アクセシビリティやタッチアンドフィール（触った感じ）、細かいビジュアルがユーザーの役に立っているかを確かめたいと思うはずだ（図3-16）。そうしたプロトタイプはコントラスト比、材料の相互作用、見た目に対する美的評価、読みやすさをチェックする機会になる。また、ユーザーに製品を使用するふだんの環境や文脈でアプリやオブジェクトを経験してもらうことがねらいでもある。

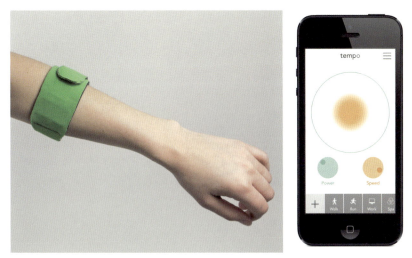

図3-16
忠実度の高いビジュアルによってデザインのタッチアンドフィールやアクセシビリティをテストできる。

幅広さ

幅広さは、広範な機能のうちどれくらいの数や種類がプロトタイプに盛り込まれているかを意味する。いつでも必ずエクスペリエンス全体のプロトタイプを作らなければならないわけではない。どこまで盛り込むのかの幅を決めるのが得意だと、時間を省いてプロセスを早く進めることができるだろう。

たとえば、リスナーが再生するアルバムまたは曲を選択し、プレイリストを作り、音楽を購入できる新しい音楽アプリやオーディオデバイスを作るとしたら、私なら幅広さの忠実度を高くして、すべての機能をクリック可能なオプションとしてインターフェースか模型に盛り込むと思う(図3-17)。そうすれば、ユーザーが多様な機能をどのように使うかをテストできる。

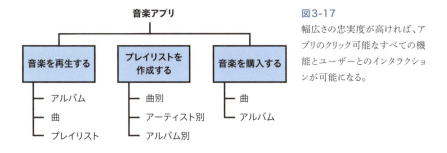

図3-17
幅広さの忠実度が高ければ、アプリのクリック可能なすべての機能とユーザーとのインタラクションが可能になる。

幅広さの忠実度が低いプロトタイプは1つの機能だけにフォーカスするので、特定の機能をデザインしテストするのが容易だ(図3-18)。機能が幅広いほど、ユーザーの一連のタスク全体をより正しくテストできるし、アプリやスマートオブジェクトのナビゲーション全体をより正しくテストできる。

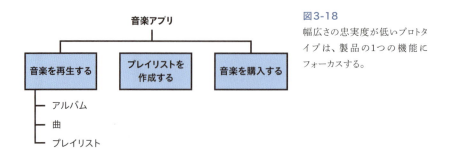

図3-18
幅広さの忠実度が低いプロトタイプは、製品の1つの機能にフォーカスする。

製品のユーザーフローやアプリのサイトマップを作るときは、プロトタイプに含める機能の幅広さを決めることができるが、それはテストする仮説に適していなければならない。つまり、クリック可能な要素やインタラクティブな機能を、ユーザーに提示するインターフェースにいくつ盛り込むかを考えればいいのだ。

深さ

深さは、プロトタイプの個々の機能をどれくらい詳細に作り込むかを意味する。テスト用に設定したタスクに合わせて、プロトタイプの機能の1つないし複数の側面を深く掘り下げることができる。プロセスの後半では、あなたのチーム(あるいは必要に応じていくつかのチーム)が数多くの側面を掘り下げて、1回のテストでユーザーが製品機能の複数の側面を試すことができるようにしてもいい。

同じく音楽アプリの例で言うと、私だったら音楽の購入とか曲やアルバム再生のフローではなく、プレイリスト作成のためのユーザーフロー全体を確立して、プレイリスト機能に焦点を当てたユーザーテストをする。それから、デバイスに音楽オプション全体をスクロールするボタンをつけるのもいいかもしれない(図3-19)。

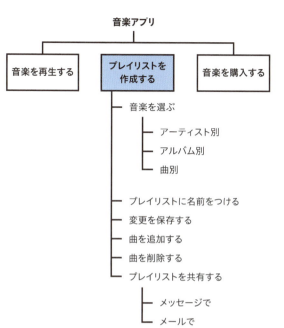

図3-19
深さの忠実度が高いプロトタイプには、製品の特定の機能のあらゆる側面が組み込まれる。

機能の深さの忠実度が高いと、ユーザーが製品を使って実行する個々のタスクをテストすることができる。深さの忠実度が低いプロトタイプは、ナビゲーションに関する単純な仮説をテストするのに有用だ（図3-20）。ユーザーは1つの機能を深く掘り下げる必要はなく、その入り口に立つにはどうすればいいかわかればいいのだ。

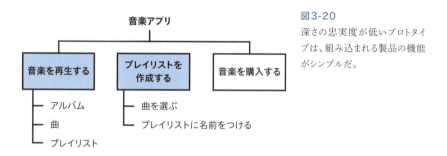

図3-20
深さの忠実度が低いプロトタイプは、組み込まれる製品の機能がシンプルだ。

実際の仮説に応じてプロトタイプの機能の幅広さと深さのバランスをとれば、より効率的なプロトタイピングが可能になる（図3-21）。今のところ必要なくても、プロセスの後半になれば、環境全体をテストするのに幅広くて深い機能を持つプロトタイプが必要になることも考えられる。

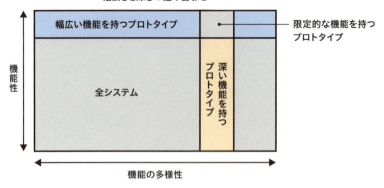

図3-21
幅広さと深さを組み合わせて、極めて有効で的を絞ったプロトタイプを作ることができる(ニールセンのコンセプトに基づく)。

インタラクティビティ

プロトタイプのインタラクティビティとは、アプリや製品のインタラクティブな要素がユーザーにどう提示されるかを意味する。インタラクティブな要素とは、"CTA (Call To Action)"ボタン、物理的なボタン、ページの読み込み方法、ボタンを押したときのLEDの反応、インターフェース要素のアニメーション、ユーザーインプットに対する製品の反応、電子部品のさまざまな物理要素、可視的要素、音声出力などだ。

前述の音楽アプリを例にすると、インタラクティビティの忠実度が低いのは、ペーパープロトタイプの他、ユーザーが別のページにクリックできても、それらのページ間のインターフェースの現実的な動きを見ることはできない中忠実度のプロトタイプだろう(図3-22)。

高忠実度のインタラクションを作るなら、メニューを横からスライド表示させ、アルバムやアーティスト名を軽くドロップしてリストに入れられるようにする。

インタラクションはキューや各部分の動きを通じて重要な文脈をユーザーに与えるので、プロセス全体を通して確実にその文脈をテストできる。また、インタラクションはユーザーへの反応に基づいてエクスペリエンス全体の「ボイスアンドトーン〔一貫性と状況ごとの使い分け〕」までも設定できる(図3-23)。ペーパープロトタイプやブレッドボード回路のような忠実度の低いプロトタイプでは、インタラクションをテストするのは難しい。プロトタイピング用のソフトウェア、あるいはより徹底したマイクロコントローラーのコーディングを使い、アニメーションを作り、ユーザーのインプットに自動で反応できるようにする必要があるだろう。こうしたインタラクションをそれっぽく見せかける方法はいくつかあるが、詳細は第5章と第6章で説明する。

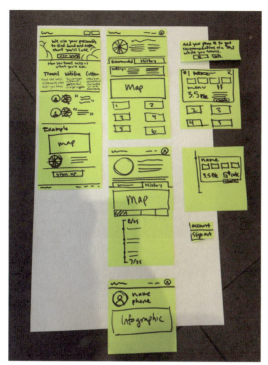

図3-22
インタラクティビティの忠実度が低いプロトタイプは手で移動させる必要があり、モーションも画面遷移もない。

図3-23
インタラクティビティの忠実度が高いプロトタイプには、インプット、アニメーション、画面遷移、アウトプットのためのクリック可能な要素が組み込まれている。(写真提供：Intel Free Press〈Flickrユーザー〉)

3. プロトタイプの忠実度 | 57

データモデル

データモデルには、インターフェースでユーザーがインタラクトするコンテンツと、製品のフロントエンドとバックエンドの両方で活用されるデータが含まれる。ロレム・イプサム（ダミーテキスト）などの低忠実度のコンテンツはユーザーに文脈をあまり与えず、ページに掲載されるコンテンツの内容もわからないため、ユーザーやビジュアルデザインが惑わされてしまうおそれがある（図3-24）。フィジカルプロダクトも実際のデータによる裏づけが重要で、その結果特定のバックエンド構造や情報処理を評価できるし、すばやく動くのに役立つ有用なコードを見つけられる。

図3-24
低忠実度のデータモデルはデザインのミスを引き起こしやすい。

　実際の製品データがない場合は、要求するか、完成したコンテンツに似た基本的なコンテンツを独自に作るか、開発者と協力して正しいコードとバックエンド構造を入手しよう。それにより、メッセージのトーンや配信、スマートオブジェクトまた

はウェアラブル端末のボイスをテストすることが可能になる。本物のコンテンツを入手できた場合はそれに入れ替えればいいし、テスト結果を参考にすればコンテンツがどう書かれているかわかるかもしれない。製品は実際の最終的なコンテンツをよく知ったうえでデザインすべきだが、ときによってその完成前に低忠実度のプロトタイプを手早くデザインしなければならないケースもあるだろう。

中から高忠実度のデータを使用すればユーザビリティテストを向上できるが、それはユーザーが実際のコンテンツを参照できるからだ（図3-25）。ビジュアルデザインにおいては、正しいスケールや、表示したり保存したりする必要があるさまざまなアウトプットを考慮に入れることが可能になる。たとえば、音楽アプリのプロトタイプにダミーの曲名とアーティスト名を入れておくこともできるが、実際のデータを使用すれば、極端に長い／短い名前や説明の配置を調整しながら、正しい使い方ができるインターフェースをデザインすることができる。

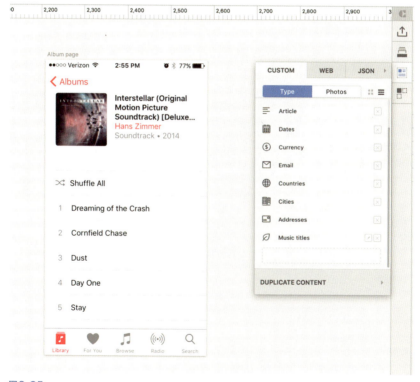

図3-25
実際にある曲のタイトルを使えば、極端に長い／短い曲名の配置に十分なスペースが確保できる。

まとめ

忠実度はプロトタイピングにとって極めて重要で、テストの結果を大きく左右する。目的と開発プロセスのどの段階にあるかに合わせて適切な忠実度を選ばなければならない。

- 低忠実度のプロトタイプはすぐに作れてコストもかからないうえ、全体のコンセプトのテストにも適している。
- 中忠実度のプロトタイプは作成にかける時間と質のバランスがよく、より具体的な疑問をテストし、見通しを提起することで、ステークホルダーとのコミュニケーションを向上させることができる。
- 高忠実度のプロトタイプは時間とスキルを最も要し、詳細を徹底的にテストできる。クライアントへのコンセプトの売り込みや、作業の仕上げに効果的だ。また、最終的なデザイン上の意思決定を伝えて、開発担当者が実装できるようにするのにも役立つ。

プロトタイプの5つの要素(ビジュアルの精度、機能の幅広さ、機能の深さ、インタラクティビティ、データモデル)を組み合わせて、オリジナルの忠実度のプロトタイプをカスタムして製作することが可能だ。特定の目標を達成するためには、1つのプロトタイプで5つの要素の忠実度が異なっていてもかまわない。それぞれの状況に合った忠実度を判断するスキルを養うには時間がかかるが、ここに紹介した例は実際に忠実度を選択する場面で効果を発揮してくれる。

第 4 章

プロトタイピングのプロセス

プロトタイピングのプロセスは、それぞれのプロトタイプの目的によって若干異なる道筋をたどり、さらに、目標、オーディエンス（対象ユーザー）、仮説しだいで変わる可能性がある（図4-1）。

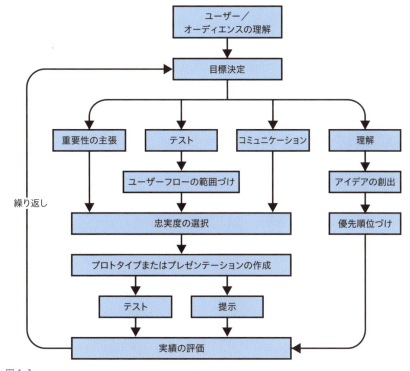

図4-1
プロトタイピングのプロセスは目標、オーディエンス、仮説によって決まる。

正しいプロセスの選択には、以下のガイドラインを活用しよう。

- これからプロトタイピングを試そうとしている、あるいは何から手をつけていいかわからない？　ならば"実用最小限のプロトタイプ"を作ってみよう。
- 1つの問題について異なるソリューションをたくさん作るのが目的？　では探索にフォーカスしよう。
- プロトタイプを使って特定の方向性を伝える？ それともその重要性を訴える？　それなら具体的なオーディエンスに的を絞る必要がある。
- テストしたい疑問や仮説がある？　その場合はその仮説に焦点を当てたプロセスになるだろう。

プロセスの目標とフォーカスの設定はプロトタイプの基礎であり、それらを決めればプロトタイプの範囲は限定され、難しすぎて作れないという事態は防げる。

実用最小限のプロトタイプ

どこから始めたらいいかわからない、時間が限られている、もしくは実際の作業の前にプロトタイピングを試してみたいなら、実用最小限のプロトタイプのプロセスを活用しよう。このプロセスは、最も労力の少ない、プロトタイプ作成の万能アプローチだ。プロトタイピングを日常の作業に取り入れる最初のステップに適している。

STEP1：ユーザーが誰かを明らかにして、彼らの問題を特定する
まず、第2章にあるユーザーと彼らの問題の理解について書かれた部分を読み返してみよう。ユーザーのために解決しようとしているペインポイント、つまり問題が何かが掴めたら、そのさまざまな解決方法を何通りか考える。探索についてもう少し知りたい人は、「探索中心」のセクションに進んでほしい。

たとえば私のあるユーザーは、犬を飼っている若い女性で、出張が多い。ドッグシッターはいるものの、飼い犬の様子を定期的に確認し、話しかけることができたらいいと思っている。現在、ペットの姿を見たり、やり取りしたりできる高価なスマートオブジェクトはいくつかあるのだが、それだと手動でログインしてカメラをオンにし、犬がカメラに映ってくれることに望みをかけなければならない。これらのペインポイント——高価なテクノロジー、手動のログイン、犬が見えるかどうかわからない——から、私はこのユーザー向けに新しい製品を作る機会領域を見出した。

この問題の解決方法はいろいろあるが、異なる3つのアイデアを検討してテストした結果、餌と水のある場所の近く、犬の背丈の位置に取りつけたモーションセン

サーに低解像度カメラを接続することに決めた。犬が歩いてくるとカメラは自動で写真を撮ってユーザーにメール送信するので、アプリも手動ログインの必要もない。加えて、もっと思い通りにしたいと思うユーザーは、付属のスマートフォンアプリをダウンロードして、カメラの角度を調整したり犬に話しかけたりすることができる。では、次のステップに進もう。

STEP2：ユーザーフローを作成して問題を解決する

ユーザー、問題、その解決に向けた方向性がわかったので、その方向性を裏づけるユーザーフローの作成に取りかかろう。ユーザーフローとはユーザーが目標を達成するまでにたどる道筋のこと。文章にしてもいいし、図にしたり、ストーリーボードとして描いたりしてもいい。図4-2に、ネットショッピング体験のユーザーフローがどのようなものかを示す。

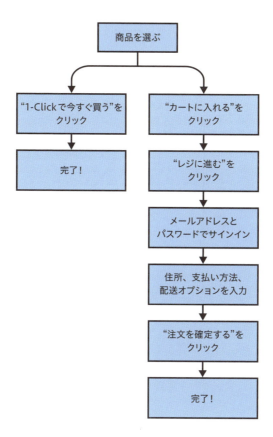

図4-2
Amazonでの買い物の流れを示すユーザーフロー

ユーザーフローは作らなければならないプロトタイプの範囲、つまりプロトタイプがカバーするテーマの範囲を決めるのに役立つだろう。主なペインポイントがアプリのサインアップのプロセスであるなら、すべての機能をプロトタイプで使えるようにする必要はない。まずはプロトタイピングとテストをおこなってサインアップのプロセスを改良する。作業の範囲と優先順位を正しく決めれば、時間の節約になるし、具体的な結果に迅速にフォーカスできるようになる。また、ユーザーエクスペリエンスに影響を及ぼす変化しやすい要素を制限できるようになるだろう。小さい領域に切り分けてテストをし、それらをすべてまとめて、製品エクスペリエンス全体をテストすることができる。このようなスコーピング（範囲の絞り込み）は特に電子機器を扱うのに有用で、さまざまな部品を組み立てる前にそれらが正しく機能するかどうかを確かめられる。

　ユーザーフローから範囲が明確にならなければ、リサーチで裏づけのとれない仮説を見つけて（全部そうかもしれない）、最初にテストすべき仮説を決める（図4-3）。優先順位を決める1つの方法は、"もしこの仮説が正しくなかったら、製品の利便性を損ねたり、売れなくしたりするだろうか？"と自問することだ。万が一間違っていたら製品開発が完全にとん挫してしまうほどの仮説を、いちばんにテストしよう。

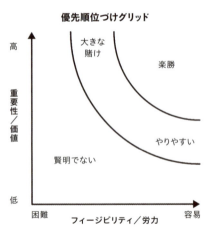

図4-3
価値と、テストに要する時間や労力との兼ね合いによって、仮説に優先順位をつけることができる。

　たとえばナビゲーション用に選んだUIテキストが、ユーザーのメンタルモデルにマッチしない可能性がある。意味のはっきりした用語ではなく、シャレを利かせたテキストを使ったら、ユーザーは製品の特定の機能を見つける方法がわからないかもしれない（図4-4）。だから最初のプロトタイプは、ナビゲーションやCTA（行動喚起）のテキストをテストして、ユーザーがその意味を理解していることを確かめるためのものが最適だろう。

図4-4
CTAのテキストのテストは優先順位が高い。

　もう1つの例は、スマートオブジェクトのインターフェースに用いるアイコンの種類の選択だ（図4-5）。

図4-5
アイコンをテストして、それが何を表すかをユーザーが理解するか確かめなければならない。

たとえば私が作ったユーザーフローからは、テストしなければならない興味深い仮説がいくつか見つかった（図4-6）。

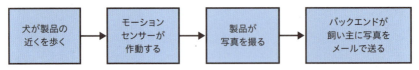

図4-6
モーショントリガー式ペット見守りツールのユーザーフローから、さまざまな重要な仮説がいくつか浮かび上がる。

1つは、モーションセンサーを作動させるくらい犬が動き回るだろうという仮説。もう1つは、カメラは飼い主に送信する価値がある質の高い画像を撮影できるという仮説。前者は大誤算の元凶だ。犬が動いてカメラを作動させない限り、これは製品としての機能を果たさないのだ。それに対して後者は発売後でも微調整が可能だ。そこで、センサーを作動させるにはどの程度の動きが必要かを知るために、プロトタイプを製作して実際に犬でモーションセンサーをテストしなければならないことがわかる。

STEP3：ユーザーフローに対処するプロトタイプを作る

文章や図で作ったユーザーフローを用意し、ワイヤーフレームを描く。あるいは、電気部品を組み合わせて必要なプロトタイプを製作する。この時点で、最適な忠実度を選ばなければならない。忠実度の選び方の詳しい方法は第3章を読んでほしい。

一般的に、プロセスの初期では低忠実度のプロトタイプを使用し、アイデアを練り込むにつれて徐々に忠実度を上げていくのがいいだろう。ペーパープロトタイプ、コーディングされた、あるいはインタラクティブなプロトタイプ、ブレッドボードを使ったプロトタイプ、ユニットテスト用プロトタイプ（詳細は第5章と第6章で説明する）など、このプロトタイプに用いる媒体を選択しないといけない。

テストに不可欠だと思う各ステップについて、画面の絵を描くかコンポーネントのコードを書く。プロトタイプはこれから改良していく仮説に対応するものでなければならない。図4-7に示すのは、セレブニュースアプリのナビゲーションをテストするのに、手早く作成したペーパープロトタイプだ。

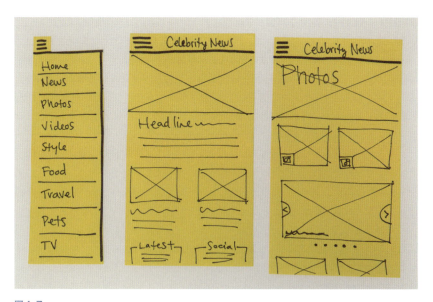

図4-7
テストする仮説を決めたら、それに合わせたプロトタイプを作ることができる。

　新製品の犬用モーションセンサーのプロトタイプは、モーションセンサー、Arduinoマイクロコントローラー、LEDライトを組み合わせた簡単なブレッドボードのプロトタイプを作った（図4-8）。これら2つのコンポーネントと少しのコードがあれば、センサーを作動させるのにどの程度の動きが必要かを正確に知ることができる。使用したコードは動きを感知するとLEDライトを点灯させ、動きが止まると消す。これでプロトタイプの設定とテストをおこなう用意ができた。

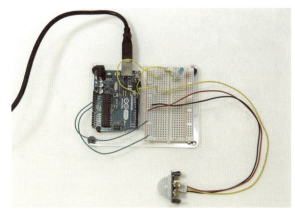

図4-8
低忠実度のプロトタイプは、センサーが感知するには犬がどれくらい動かなければならないか把握するのに役立つ。

STEP4：テストし、結果を評価して繰り返す

いよいよプロトタイプのテストだ！　リサーチ計画を作成（詳細は第7章を参照）し、ユーザーを数人見つけ、何がうまくいくか、いかないかを観察する。ユーザーテストでは誰かに手伝ってもらい、あなたが質問して他の人がメモをとるのがベストだ。ユーザーが迷ったり、タスクを正確に完了できなかったりするのはいいことなのだと肝に銘じてほしい。おかげでどこを改良できるかが明らかになるのだから、プロトタイプに時間をかける価値があるというものだ。

さまざまな人たち（『Just Enough Research〔ちょうどいいリサーチ〕』（A Book Apart刊）にまとめられたエリカ・ホールのアドバイスをふまえて4〜8人）を対象にテストを実行したら、結果をじっくり検討する。フィードバックからパターンは浮かび上がっただろうか。仮説が正しいことが証明されたか、それとも正しくないことがわかったか。考えてもみなかった新たな知見を思いがけず見つけたりしなかっただろうか。得られた知見を再び最初のユーザーや問題に照らして考え、どうすればエクスペリエンスを向上させることができるかをじっくり検討しよう。ユーザーテストの結果に基づいて新しく優先順位をつけた仮説のリストに従って、このプロセスを繰り返し別のプロトタイプを作ろう。

犬用の新製品では、私はサイズと犬種が異なる数匹の犬でテストをし、モーションセンサーの適切な較正を確認することができた（図4-9）。

図4-9
犬種と環境を変えてプロトタイプを数回テストした。

テスト結果によれば、センサーは必ずしも餌入れの近くではなく、犬がほとんどの時間をすごす部屋、たとえばリビングなどにあったほうがいいことがわかった。となると、犬がソファに乗るときや犬用ベッドで丸まって寝ているときが、最高のシャッターチャンスと言えそうだ。したがって次回のプロトタイピングのフォーカスは、飼い主とデバイスのインタラクション、およびスマートフォンアプリのプロトタイプの設計になるだろう。

探索中心

　探索中心のプロセスはたくさんのアイデアを生み出すことに多くの時間を費やし、アーティファクトのプロトタイピング作成にかける時間は少ない。それでも、スケッチやワイヤーフレームを通してだけでなく、インタラクティブな方法でアイデアを検討すれば得られるものは多い。探索の目的は、解決すべき妥当な問題を突き止め、問題解決の方法について知識を裏づけとした意思決定をし、その解決法のさまざまなバリエーションを以降のプロトタイプを使って説明し、テストする準備を整えることにある。プロジェクトが始まったばかりでまだ決まっていないことが多いため、探索プロセスは自由でオープンだ。本章の最初に述べたように、ユーザーと彼らの問題を理解することを第一歩にしよう。

STEP1：ユーザーの問題を解決する方法をたくさん考える

付箋とマーカー（または他の描画方法）を使い、付箋1枚につきソリューションのアイデア1つを大まかに描いて（もしくは書いて）、すぐに壁に貼り出そう（図4-10）。ありきたりに見えるものもあれば、明らかに非現実的に思えるものもあるだろう。わかりきったアイデアもすべて出しきることで、簡単に手に入る結果とはまったく異なる、革新的な解決方法を見つけることができる。アイデアを手直ししてはいけない。型破りとも思えるアイデアをひねり出そう。無謀なアイデアのなかに、より確実なアプローチに情報を与え、改良する、知見に富んだひらめきが見つかるに違いない。

　こうしたアイディエーションは1人でも、チーム全体でも実行可能だ。チームでおこなえば、壁に貼られたアイデアに意見を言い合うことができる。スケッチを議論のきっかけにして、前向きで建設的な雰囲気を作ろう。"ノー"や"無理だ"という声が多く聞かれるようになったら、"Yes, and"と呼ばれる即興コメディの手法を取り入れよう。メンバーのアイデアを否定せず、"yes, and（そうだね、それに）"と言ってそのアイデアを活かす方法を探すのだ。この方法なら、自分のアイデアが即座に否定されることは絶対にないので、参加者みんなが楽な気持ちでアイデアを共有したり作り出したりできる（図4-11）。

図4-10
アイディエーション・セッションのブレインストーミング

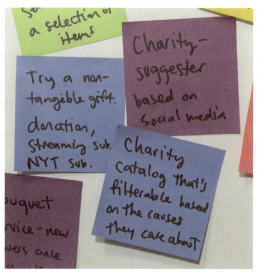

右上
(Try a〜)無形のギフト、寄付、ストリーミング・サブスクリプション、ニューヨークタイムズ紙サブスクリプション
左上
(Charity-)チャリティー——ソーシャルメディア分析に基づく提案アプリ／機能のサジェスター
右下
(Charity catalog-)彼らが大事にしている目的に応じてフィルタリング可能なチャリティ・カタログ

図4-11
相互に成立する2つのアイデア

また、Mural、Post-it Plus、Stormboardなど、各種の"付箋"ソフトウェアを活用すれば、この活動をリモートで実行できる（図4-12）。デザイン、開発、ビジネスパートナーを含むチーム全員を必ず参加させること。全員に電話会議に出席してもらい、黙って付箋にアイデアを書き加える時間を設け、それから質問に答えてより多くのアイデアを創出するディスカッションベースのセッションを進める。

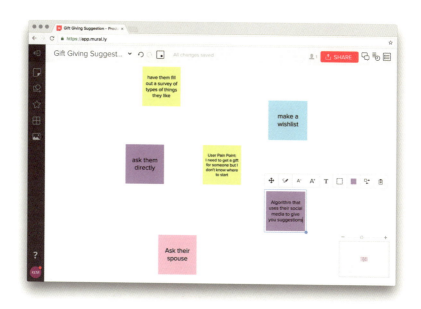

図4-12
オンラインのコラボレーションソフトウェアは、離れた場所にいるチームメンバーをアイディエーションに参加させる優れた手段だ。

STEP2：類似のアイデアをまとめて全体のカテゴリーを作る

壁やウェブページがアイデアでいっぱいになり始め、参加者がアイデアを出すペースが落ちてきたら、「親和性マッピング」と呼ばれるプロセスで、同じようなトピックやソリューション別にアイデアを分類する（図4-13）。類似のアイデアをカテゴリー別に分ければ、これから先最も進むべき方向が明らかになり、プロトタイピングを始めるための具体的なアイデアがいくつか浮かび上がってくるだろう。プロジェクトを進めるにつれてカテゴリーは一般化されていくが、そのなかにあるユニークなアイデアを逃さないようにしよう。いやむしろ、強力なソリューションになる共通の要素を探し、個々のアイデアを発展させるのだ。チームでシールかドットを使った投票をおこない、ユーザーにとって最も有益なソリューションに優先順位をつける

ことができる。あるいは、チームを導くために、ソリューションのカテゴリーに関するリサーチを実行してもいい。

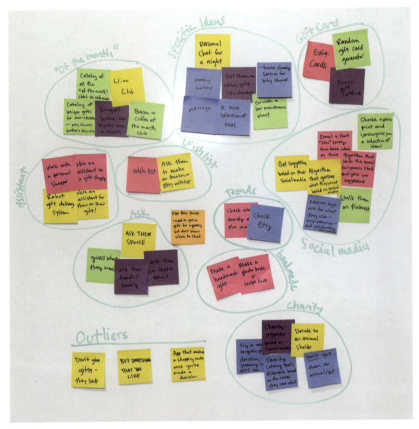

図4-13
アイディエーション・セッションのブレインストーム

　アイディエーション活動では、メンバーが持っている仮説を記録し（図4-14）、あとからユーザーと話をするときにそれらのポイントを忘れずにリサーチする。"ユーザーはこの機能をほしがっている"とか、"ユーザーは製品をこうやって使うだろう"などと言う人がいるかもしれない。ユーザーの視点から自信たっぷりに発言する人がいたら、それが実際のユーザーの言葉やリサーチで得られた知見で裏づけられるものなのか、それとも直感なのかを必ず尋ねること。まだプロセスの初期なので、ユーザーが今抱えている問題を深く知り、新たなペインポイントや別のペインポイントを見つける絶好の機会になる。どの意見が思い込みで、どの意見に根拠がある

かをはっきりさせれば、適切な問題を解決しているのだという確信のもとに開発プロセスをどんどん進めていけるはず。事前にチーム全体の見解を同じにしておけるので、あとから面倒が起きるのを防げるだろう。

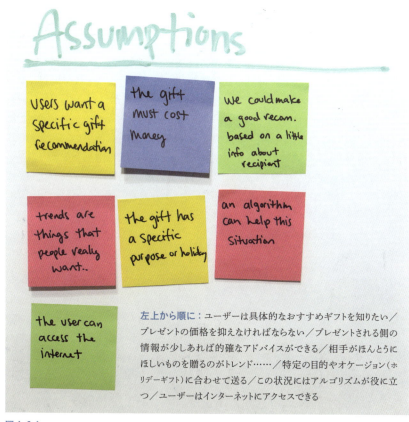

左上から順に：ユーザーは具体的なおすすめギフトを知りたい／プレゼントの価格を抑えなければならない／プレゼントされる側の情報が少しあれば的確なアドバイスができる／相手がほんとうにほしいものを贈るのがトレンド……／特定の目的やオケージョン（ホリデーギフト）に合わせて送る／この状況にはアルゴリズムが役に立つ／ユーザーはインターネットにアクセスできる

図4-14
アイディエーションのセッション中は常に仮説を記録しておく。

　たとえば、フォトグラファーのための新しいソーシャルアプリの開発中、ステークホルダーがユーザーの視点について、"ユーザーの主要なユースケースは画像の投稿だ"と言ったとしよう。リサーチに基づく意見として発言されたため、仮説と同じようなテストはおこなわれない。ところが、プロセスがかなり進み、プロトタイプのテストの真っ最中になってから、ユーザーの主な使用目的はインスピレーションを得るために他の人々の写真を見て、購入することだとわかった。その違いは大きく、ユーザーフローのデザインも変わってくる。ユースケースについての発言が仮説である

ことを前もって把握しておけば、さらにユーザーリサーチをする機会を作れただろうし、プロトタイプを作ってそのアイデアの正当性をテストするムダな時間を使わずに済んだだろう。早い段階で方向転換し、時間とコストを省くことができたのだ。

　ユーザーの視点で考えるもう1つの方法が、付箋を使ったブレインストーミングに加えてボディストーミングを実行することだ。ボディストーミングとは、特定のユーザーや状況をチームによるロールプレイで再現し、ユーザーが現状で問題にどう対処しているか、新しいアイデアにどう反応しどんなインタラクションをするかを理解する、パフォーマンス中心のアイディエーションだ（図4-15）。ボディストーミングを活用し、フィジカルオブジェクトもしくはデジタルソフトウェアとのインタラクションを演じることができる。まず必要なアーティファクト──付箋、ペン、箱、ないし紙──を用意して低忠実度のインタラクションを設定する（詳細は第5章と第6章を参照）。それからチームでユーザーフローをひと通り再現しその様子を記録する。そのインタラクションに対するあなたの印象をもとに、若干の変更を加えて再び試し、状況のプロトタイプを改良し、修正していく。ボディストーミングは障壁が極めて低いため、無謀なアイデアを試してみるまたとない機会だ。詳しい情報や説明は、『ゲームストーミング──会議、チーム、プロジェクトを成功へと導く87のゲーム』（オライリー・ジャパン刊）が参考になる。

図4-15
電車を模した設定を作り、物理的な空間でアイデアをテストする。
（写真提供：Unsworn Industries〈Flickrユーザー〉）

たとえばオンラインショッピングの新しいエクスペリエンスのボディストーミングなら、実際の店舗を設置し、人々がさまざまな方法で棚に陳列されている商品とどのようなインタラクションをするか、支払い方法はどうするかを観察するといい。得られた知見はユーザーのオンラインショッピングのインタラクションに転換できるが、それでいて実際の行動がベースになっているので扱いやすいのだ。

STEP3：優先順位に基づいて今後の方向を決める
優先順位をつけたソリューションの方向に目を通し、プロトタイプの製作を実行するアイデアを1つか2つ選ぶ（図4-16～17）。それぞれのアイデアのまとまりについて、背後にある仮説を書き出し、プロトタイピングの一環としてテストする必要があることを忘れないように。ここから仮説中心のプロセスをスタートして、アイデアのプロトタイピングを続けていこう。

図4-16
いちばんいいと思うアイデアにドット投票する。

図4-17
優先順位づけグリッドを使って、進むべき方向を決めることもできる。

　こうした活動を実行しているとき、そして実行後も、自分が取り組んでいるユーザーの当初の問題を見直し、それが解決すべき正しい問題なのかを判断するのを怠らないように。ユーザーにもっと影響を及ぼす別の問題に遭遇しなかったか。実装が容易でユーザーへの影響も大きいと思われる、問題解決のための異なる方向は見つからなかっただろうか。ソリューションは最初の予想と180度違うものではないだろうか。
　これはチーム全体で議論しなければならないので、アイディエーションに参加しないステークホルダーには、その結果を説明して今後の方向についてのチームの意思決定に力を貸してもらう。探索中心のプロセスに文書化は欠かせない。優先順位が最も高いアイデアをテストした結果、進むべき方向が異なることが明らかになった場合、過去のアイディエーションのプロセスを参照する必要がある。また一からやり直したくはないので、必ずチームがそれまでのプロセスの作業にアクセスし、参考にできるようにしておこう。私のチームではクラウドベースのフォルダにアイディエーションの成果物（付箋を使ったブレインストーミング、アイデアのグループ分け、優先

順位をつけたソリューションの写真)を保存し、リサーチおよびデザイン作業の多くを社内のGitHub Wikiにホストして、開発チームやビジネスチームがアクセスできるようにしている。

オーディエンス中心

コミュニケーションを目的としたプロトタイピングのプロセスは、オーディエンスと、あなたが彼らに何を理解させようとしているかということをとても重視する。このプロセスは製品開発全体を通して実行し、さまざまな人々とさまざまなタイミングで意思の疎通を図ることができる。何をデザインしているかを明確に示し、承認を受ける、フィードバックを得る、あるいは意思決定や実装に向けて見解を統一することが目標だ。誰かとコミュニケーションをとるときはいつでも、話の的を絞り、その内容を具体的に表すプロトタイプを用意すると重宝する。

STEP1：オーディエンス、目標、忠実度を決める

プロジェクトには数多くのオーディエンスと目標がかかわることになるだろう。まず、誰と話をするのか、なぜ話をするのかについて考えてみよう。同僚のデザイナーと話してフィードバックをもらうため？　ステークホルダーにプレゼンテーションをして承認を得たい？　クライアントにコンセプトを売り込む？　開発担当者に最終デザインを説明する？

オーディエンスの経歴と彼らがすでに製品をどの程度理解しているかを把握しておくのは極めて重要だ。彼らがアイデアを理解しやすいように、それぞれにふさわしい文脈を設定する必要がある。

デザイナー
　フィードバック、サポート、批評、アイディエーションをお願いするのに適した相手。

ステークホルダー
　デザインの方向性の承認を得る、進捗状況を報告する、ビジネスニーズが満たされていることを断言する相手。

クライアント
　アイデアを納得させて契約を結び、ステークホルダーと同様に、作業の進捗を報告して順調に進んでいることを確信してもらう必要がある相手。

開発担当者／エンジニア

デザインプロセス全体の実現可能性(フィージビリティ)に関する情報を求め、最終的なデザイン上の決定を伝えて製品を作ってもらう相手。

目標は、デザインの意思決定に対して同意を得ること、特定のインタラクション領域のフィードバックを受けること、もしくはわかりやすい方法で機能を提示することだろう。同僚のデザイナーからフィードバックを得るのが目標なら、クライアントやステークホルダーに選んだ方向性を納得してもらう場合とはまったく異なるプロトタイプになるはずだ。まず、コミュニケーションによって何を達成したいのかを決定する。1つのプロトタイプに対して選ぶ目標とオーディエンスはそれぞれ1つ。そうでなければ意図がぼやけてしまう。

オーディエンスと目標をふまえて、どんな言葉とビジュアルスタイルにすべきかを決める。デザイナーが相手なら、カジュアルなアプローチでいい。どんなタイプのフィードバックが必要かに合わせて文脈と明確な期待を設定する。それをしないと、ナビゲーションフローに対するアドバイスがほしいにもかかわらず、カーニングのような細かいことを話し合うような羽目になりかねない。

ステークホルダーやクライアントがオーディエンスなら、市場投入の時期、特有の価値提案、実際のデザインタスクの価値、測定可能な数字を含め、ビジネス用語を使って話さなければならないだろう（図4-18）。開発担当者とは、フレームワーク、コードベース、パフォーマンス予算、ソフトウェアの問題を誰に提示すればいいかについて話す必要がある。

プロジェクト概要説明書

大まかな説明
ユーザーが現在または今後の天気を友人と共有し、イベントプランを立てることができる天気アプリ

社内リリース
・天気APIに接続してデータを集める
・適切に接続して共有を可能にする
・アプリのレイアウトのデザインとコーディングをする
・アプリストアの担保とアセットを作る

KPI
・ランディングページのヒット数
・バウンスレート
・ランディングページのヒット数における購入者の割合
・共有された天気情報の数

重要なスケジュール
2/5　キックオフ　　　3/3　社内リリース2
2/20　社内リリース1　3/17　外部リリース1

最新の進捗状況

前回のレビュー後の完了事項
・アプリレイアウトのワイヤーフレームが完成
・アプリのビジュアル・デザインの開始
・API接続のテストが終了

次回のレビューまでに実行すること
・アプリレイアウトの実装の開始
・アプリに機能を追加

リスク／依存性
・ネーミング／ブランディングの承認

図4-18
ステークホルダーに話をするときは正しい用語を使おう。

最後に、必要な忠実度を選ぶ。

デザイナー

低忠実度のプロトタイプを理解してアイデアやコンセプトについてのフィードバックをすることができる。高忠実度のプロトタイプを批評し、エクスペリエンスを向上させる細かい点を改良する力になれる。デザイナーに求めるフィードバックのタイプに合わせて忠実度を選択すること。

ステークホルダー

コンセプトまたはユーザーフローの明確化、初期段階における見解の統一を目的とした低忠実度のプロトタイプ、ソリューションやその後の作業のための中〜高忠実度のモックアップやプロトタイプを理解できる。プロセスがどこまで進んでいるか、(ビジュアル、インタラクション、レイアウトなど)まだ作業中の要素は何か、次回のプレゼンテーションまでに変えようと思っていることなどに関して、彼らのために必ず期待を設定すること。たいていは、作業が進行中であることを示唆する中忠実度のプロトタイプが最適だ。

クライアント

中〜高忠実度のプロトタイプを通して、コンセプトを現実的に理解する必要がある。彼らには、アイデアがクライアントの既存のブランドやスタイルガイドでどう機能するかを見せる。中忠実度のプロトタイプを提示して意見交換を促し、高忠実度のビジュアルモックアップを提示してクライアントの製品ラインアップのなかでどう見えるかを確認させる。この先の作業の方向性を示すプロトタイプを見せながら、後に提供する製品に対する期待を持ち続けてもらう。

開発担当者／エンジニア

低忠実度のプロトタイプを理解できる。コーディングやエンジニアリングの実装の難しさがしっかり呑み込めれば、中〜高忠実度のプロトタイプのフィージビリティに関して最も質の高いフィードバックをすることができる。開発作業に組み込まなければならない最終的なデザイン上の決定を伝えるには、高忠実度のプロトタイプが必要。

たとえば、天気アプリをデザインしていて、オーディエンスがステークホルダーとデザインを実装するエンジニアのチームだとしよう。私なら低忠実度のプロトタイプを作ってアイディエーションとデザインのセッションを数回実行する。チーム全体にアイデアを提示する準備ができたら、ビジネスチームにデザインの方向性を

承認させ、エンジニアからフィージビリティについてのフィードバックをもらうのを目標に設定する。そして、オーディエンスと目標に合わせた中忠実度のプロトタイプを製作することに決める（図4-19）。

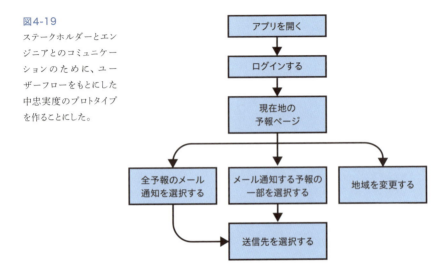

図4-19
ステークホルダーとエンジニアとのコミュニケーションのために、ユーザーフローをもとにした中忠実度のプロトタイプを作ることにした。

STEP2：目標達成のために何を組み込む必要があるか？

次に決めなければならないのは、コミュニケーションと目標達成のためにプロトタイプに何を組み込むべきかだ。ある程度のレベルの機能が必要か、それとも基本のクリッカブルなワイヤーフレーミングで十分な情報が得られるだろうか。伝える必要があるのは複雑で具体的な細かい点か、それとも全体的な方向性だろうか。

デザイナーからのフィードバックがほしい場合、全体のユーザーフローは不要かもしれない。むしろ助けが必要な問題の文脈がわかる部分を見せるほうがいい。そうすれば、ユーザーフローそのもの、あるいはアプリや製品のエクスペリエンスに関するフィードバックを得ることができる。

ステークホルダーやクライアントの同意を求めるには、ユーザーフローの大部分と製品のエクスペリエンス全体を示す必要があるだろう（図4-20）。それなら彼らはデザインの方向性と意思決定の理由をしっかりと理解できる。

開発においては、仮説では実行可能とされているがまだ裏づけがない部分をターゲットにする。デジタルプロダクトのモーションやアニメーションは、開発担当者に伝えなければならない最たるものだ（図4-21）。フィジカルプロダクトなら意図的なセンサー入力／出力がそうだ。あとになって開発担当者やエンジニアが新たなリクエストや機能の追加に驚かないよう、細かい要素を十分に組み込む必要がある。

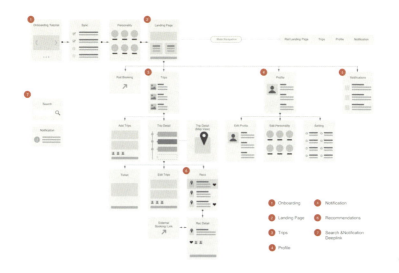

図4-20
高忠実度のユーザーフロー（機能の深さと幅広さの要素）は特定のステークホルダーにとって適切な選択である場合が多い。（画像提供：スシ・スータシリサップ）

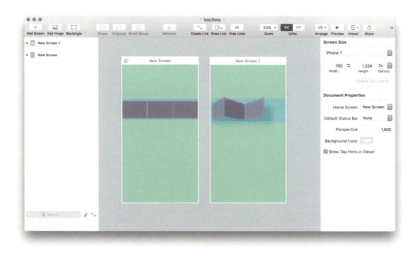

図4-21
早い段階で開発担当者にモーションやアニメーションについて説明しておくことは重要だ。
（画像提供：Flinto.com）

前述の天気アプリの場合では、実際のコンテンツ（気温、レーダー図、湿度）、インタラクションの説明、ユーザーフロー全体を盛り込む必要があるだろう。さらにプロトタイプを作り込めば、ステークホルダーからはデザインがビジネスに与える影響、エンジニアからは開発のフィージビリティに関する現実的な話を聞けるはずだ。

STEP3：オーディエンスにプロトタイプを提示する

ユーザーのペルソナを使ったストーリーを用いて、盛り込むことにしたユーザーフローの部分を説明しながらプロトタイプを提示するやり方がベストだ。最初に十分な文脈を与えて、オーディエンスがプレゼンテーションのねらいを理解できるようにしておこう。特定のインタラクションについてのフィードバックが必要なら、それを伝える。ユーザーテストに移る前にステークホルダーの承認が必要なら、それをはっきり言っておこう。要求が明確なほど、オーディエンスの期待を設定しやすくなり、プレゼンテーションとそれに対する反応が有益なものになるだろう。

プロトタイプを提示したら、受けたフィードバックをわかるように記録する。有用なコメントばかりではないだろうが、全員の意見に目を通し、プロジェクトを進めるうえで役に立ちそうな価値のあるアイデアを探す。目指すもの（フィードバック、承認、契約の締結）が得られたら、プレゼンテーションは成功したので、先に進もう。

天気アプリの例では、時間がかかりすぎてスケジュール通りにアプリのアニメーションを作るのは無理ではないかというフィードバックがあった。ステークホルダーも開発担当者もプレゼンテーションに参加していたので、開発期間にゆとりを持たせるためにリリース日を数週間遅らせた。同じプレゼンテーションに当事者全員を出席させたおかげで、チームは足並みをそろえることができたし、私はその場でステークホルダーからデザインについての承認を受け、エンジニアからはデザインの実装方法についてのフィードバックを得ることができた。

仮説中心

仮説中心のプロトタイプは、アイデアや製品を改良する目的でテストをおこなう。仮説のベースは前提や疑問、推測だ。"ユーザーはアプリの使い方を探り当てて、アプリのインターフェース内でタスクを完了できる"といったざっくりしたものもあれば、"新しいスマートオブジェクトはユーザーが1日中身につけていてもわずらわしさを感じない"といった極めて具体的なものもある。

仮説のテストに必要な忠実度やインタラクションにより、このプロセスは長くも短くもなる。1日に2回反復テストができるかもしれないし、プロトタイプを作ってテストするのに、スプリントの1サイクルを全部、またはそれ以上を要することもある。

STEP1：ユーザー、彼らの問題、テストすべき仮説を決める

他のプロセスと同じで、まずユーザーと彼らが抱えている問題をしっかり決めておこう。それから、ユーザーフローや過去のプロトタイピングの結果をふまえて、プロトタイプ製作の方向性を見失わないようにしながら、今回はどの仮説に焦点を当てるかを書き出す(図4-22)。仮説の数が多すぎる場合や、それらに関連性がないような場合は、プロセスを分けて複数のプロトタイプを作り、一度に1つの側面に集中できるようにする。

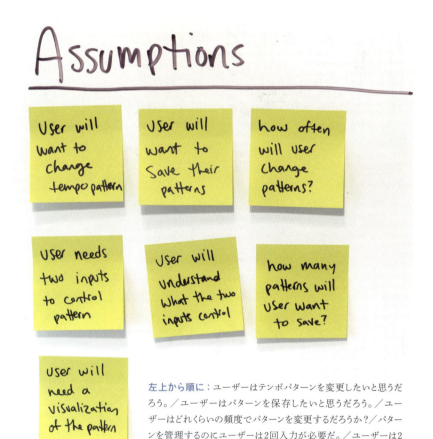

左上から順に：ユーザーはテンポパターンを変更したいと思うだろう。／ユーザーはパターンを保存したいと思うだろう。／ユーザーはどれくらいの頻度でパターンを変更するだろうか？／パターンを管理するのにユーザーは2回入力が必要だ。／ユーザーは2回の入力で何を管理できるかわかるはず。／ユーザーはいくつパターンを保存したいと思うだろうか？／ユーザーにはパターンの視覚化が必要だろう。

図4-22
仮説を見直して、テストする必要があるものを決める。

これはデジタルプロダクト、フィジカルプロダクトのどちらにもあてはまる。いろいろなタイプの電子的な入出力、たとえば脈拍センサーやタッチスクリーン出力を扱っているなら、コードを書くためにまずこれらのコンポーネントを別々にテストして、組み立てる前に個々のパーツがどう連携して機能するかを解明したいと思うはずだ。

たとえば、先にあげたウェアラブルなハプティック心拍計Tempoは、異なるレベルのテストを何回もおこなった。このデバイスはユーザーの腕でゆっくりと安定したパターンで脈打ち、その瞬間を生きるのを、あるいは仕事の生産性を高めるのを助けてくれる。プロトタイピングのある段階では、"ユーザーはデバイスのペーシング・パターンを設定しコントロールする方法を理解するだろう"という仮説をテストしなければならなかった。これから、プロトタイプをどうデザインし、その後のステップで何をテストしたかをひと通り説明する。

STEP2：製品開発のどの段階にあるかに応じて、仮説に適した忠実度を選ぶ

忠実度の選択は、はじめのうちはややこしく思えても、デザインプロセスの状況に軸足を置いたプロトタイプを作る力になる。テストはプロセスの初期、中間、リリース日近くのいつおこなってもいいが、手遅れにならないよう修正が可能な初期のうちにおこなうのが最適だ。コンテンツベース、ナビゲーションベース、ユーザーフロー全体、もしくは個々のタスクベースなど、仮説の具体的なタイプも忠実度を決める情報になるだろう。

概して、プロセスの初期段階で、ナビゲーションやユーザーフロー、一般的な機能などの大きめのコンセプトについての作業なら、用語、フローのレイアウト、基本のインタラクションについてのフィードバックを重視して低忠実度のプロトタイプを選ぶ。プロセスの後半になり、利用可能なコンテンツが増えてくる、あるいはスマートオブジェクトの機能が向上してきたら、ユーザーの理解、タスクの完了、ビジュアルデザインといった細かい点を重視した高忠実度のプロトタイプを製作するといいだろう（表4-1）。

表4-1　忠実度はテストする仮説の範囲や種類によって決まる。

忠実度	低	高
何についての仮説か	・全体のコンセプト ・ナビゲーション ・用語 ・ユーザーフロー ・一般的な機能 ・ユーザーは誰か	・タスクの完了 ・ユーザーの理解 ・高忠実度のナビゲーション ・詳細なビジュアルデザイン 　（イコノグラフィ〔機能などの表現に使われる視覚的言語〕やタイポグラフィ） ・文書コンテンツ

　忠実度のどの要素を重視すべきかは自分で決めることができる。仮説をテストするのにユーザーフロー全体が必要なら、機能の幅広さの忠実度を高くしなければならない。しかし、もし仮説がアプリ内の1つの機能に基づいて立てられたものなら、その機能のタスクフローを掘り下げる必要がある。データモデルとコンテンツはユーザーの文脈に著しい影響を及ぼしかねないので、テキストや画像の他、光、テキストのレスポンス、触覚反応のようなスマートオブジェクトの出力のリアルなコンテンツを必ず盛り込むこと。

　Tempoの例で説明すると、プロセスの早い段階だったので、低～中忠実度のプロトタイプが必要なことがわかっていた。パターンの変更や新しいパターンの作成機能はスマートフォンアプリに組み込まれる予定だったが、その段階ではまだスマホのインターフェースは使っていなかった。そのため、マイクロコントローラーと出力用の振動モーターに接続したいくつかのポテンショメータ（ダイヤル）でインタラクションのアナログ版を作ることにした（図4-23）。その結果、ユーザーはパターンに伴う2つの変数（テストすべき仮説）をスマートフォンにタッチしないで変更することができた。

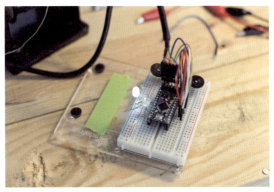

図4-23
出力を調整する、ポテンショメータがついた中忠実度プロトタイプのブレッドボード

STEP3：実施すべきテストの種類を決める

立てた仮説と忠実度に基づいて、やらなければならないテストの種類を選ぼう。忠実度が低く、コンセプトが大きな仮説には、カードソーティングか基本のクリックスルーのようなテストがいいかもしれない。特定のインタラクションポイントについて複数のアイデアがあるときは、A／Bテストがよさそうだが、その場合は1つのプロトタイプのバージョンが複数必要になる。アプリやスマートオブジェクトの機能をテストするなら、タスクベースのテストを用いて、あなたが想定したようなやり方でユーザーがタスクを完了させるかどうかを確認する。

テストの種類とプロトタイプの忠実度には、「鶏が先か、卵が先か」のようにどちらが原因でどちらが結果か判然としないくらい密接な関係がある。プロトタイプの経験を積んでいけば、両者がどう関連しているか直感でわかるようになるだろう。

どんな種類のテストをするか決めたら、短い時間でリサーチ計画を作成する。リサーチについては第7章で詳しく触れることにする。リサーチ計画の第一歩は仮説とテストの目標で、次に質問をいくつか設定してテストしたいユーザーのプロフィールを決め、最後にユーザーにしてもらうタスクとフォローアップの質問を検討する。プロトタイプを作る前か作っているあいだにこの計画を立てれば、特定のタスクをテストするのに適切な機能とウェブページを作っていることを確認できるだろう。

私が取り組んだウェアラブルなスマートオブジェクトでは、タスクベースのテストのためのリサーチ計画を立てることにした。目標とユーザープロフィールを書き出して、ユーザーが達成すべきタスクを作成した（図4-24）。

STEP4：プロトタイプを製作する

忠実度を決めてリサーチ計画を書いたら、仮説をテストするのに必要なプロトタイプを作る用意ができた。多種多様なレベルでスマートオブジェクトとソフトウェアのプロトタイプを作る方法については、第5章と第6章で詳細を説明する。何をやり遂げようとしているかを頭において、プロトタイプの範囲を無意識のうちに広げないよう注意しよう。仮説をテストするために必要なものだけを作るのだ。

> **Tempoリサーチ計画**
>
> **目標と仮定**
> - ユーザーが新しいテンポのパターンを作成できるかどうか判断する
> - ユーザーがパターンをどのように作成、保存、使用するかを理解する
> - パターンに入力が2回必要かを判断する
>
> **ユーザープロフィール**
> - テクノロジー業界の若いプロフェッショナル。ほとんどがコンピュータでの作業で、ソーシャルメディアやインターネットの底なし沼によって集中力がそがれている
> - いろいろな活動で身体をよく動かす多様なユーザー
>
> **事前調査のための質問**
> - 名前
> - 仕事内容
> - 仕事中または1日のうちにどれくらいの頻度で注意散漫になるか
> - 気が散る主な原因は何か
> - 現在それにどのように対処しているか
>
> **タスク**
> - あなたは仕事中で、あるタスクを終わらせるのに集中しようとします。集中を維持するのに役立つ脈拍パターンをどのように決めますか
> - 多くの人を前にプレゼンテーションをすることになっています。この状況ではどのパターンを使いますか
> - 仕事以外の活動でTempoを使うとします。どんな活動で使うでしょうか、その活動のための脈拍パターンを作成してください
> - これで終わります。今回Tempoを試してみて、いちばんよかったことを2つ、よくなかったことを2つ教えてください
> - あなたの生活や活動に、Tempoはどうフィットすると思いますか

図4-24
リサーチ計画にはTempoの目標とタスクの質問を盛り込んだ。

　そのプロトタイプを使うのはそのとき1回きりかもしれないことを忘れないように。得られた知見をもとにデザインを何度も変更する場合は特にそうだ。ユーザーテストが終わってからも、いつまでも特定のプロトタイプに執着しないこと。ユーザーテストによって知見を得るという目的を果たしたら、プロトタイプを平然と捨てられるようでなければならない。

　Tempoでは、そのサイズと機能に合わせてArduino Microというマイクロコントローラーを選んだ。出力用の2つの振動モーターと入力用のポテンショメータを使い、それらを全部はんだ付けし、出力部分をアームバンドに縫いつけた（図4-25）。アームバンドの質はそのときのテストには重要ではなかった。アームバンドとマイクロコントローラーをワイヤーでつないだという事実も重要ではない。2つのダイヤルを使ってユーザーがパターンを変更できさえすれば、プロトタイプは成功と言っていい。

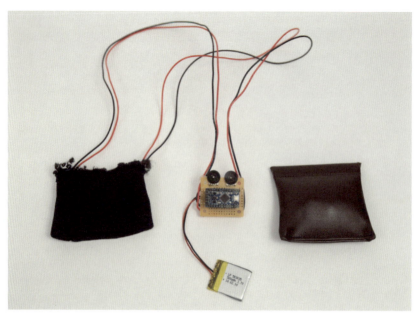

図4-25
中忠実度のTempoのテストのための最終的なプロトタイプ

　時間をかけて、ワイヤーがなくてもっと見た目がすっきりしたプロトタイプを作るのは簡単だったかもしれないが、それでも結果は同じだったはずだ。完璧さよりもスピードを重視したプロトタイプだからこそ、より迅速に次の仮説をテストするプロセスに進むことができたのだ。

STEP5：プロトタイプをテストする
フィジカル、デジタルを問わずプロトタイプを作ったら、ユーザーテストに入ろう。まず、テストに必要な人とツールを集める。一般に、ユーザーに質問しタスクを提示しているあいだ、記録をとってくれる人が1人以上いるといいだろう。許可が得られれば、カメラやスクリーンキャストでインタラクションを記録してインタビューをもう1度検討したり、自分用かあるいはステークホルダーに見せる補助材料としてメモをとったりすることができる。

　テストでは、手を出しすぎないこと。ユーザーが"ハッピーパス"（期待されるタスク完了方法）から外れたとしても、それを記録するのはかまわないが、すぐに助け舟を出してはならない。ユーザーが、そのアクションによって起こると期待していることから、洞察に富んだ情報が得られるかもしれないのだ。淡々とした表情を崩さず、賛成や批判の言葉は発しない。答えに良し悪しがあるかのようにユーザーに感じさせ

てはいけない。たとえ本当はあったとしてもだ。ユーザーが好むインタラクションは学びの宝庫なのだから。"何が起こると思いましたか"、"このエクスペリエンスについて、いちばん好きなこと、嫌いなことは何ですか。2つずつ教えてください"などの、フォローアップの質問は必須。セッション終了時の目標は、エクスペリエンス全体についてユーザーに話してもらうことだ。

少なくとも4〜8名でテストを実施する(『Just Enough Research(ちょうどいいリサーチ)』で述べられているように)。これくらいの人数なら、パターンを見つけるのに十分な情報が得られる。ただし、結果からパターンが明らかにならず、異なるユーザーがかなりバラバラな反応をしていたら、確認のために何回かテストを追加しよう。

すべてのテストでとったメモを総合し、ユーザーが持つ類似の懸念や問題をカテゴリー別に分類する。各カテゴリーについて検討し、そこからどんな知見が得られるかを判断する。明らかになった問題を、どんな方法で解決できるだろうか。新しい問題を解決するためのさまざまな方法をブレインストーミングし、新しいプロトタイプとリサーチ計画でこのプロセス全体を繰り返し、新しい仮説をテストする。

Tempoの場合はユーザープロフィールに適した幅広い人々でプロトタイプをテストした(図4-26)。いろいろな年齢層と職業の人からフィードバックをもらおうと努め、地元のヨガの集まりで何度か見知らぬ人にインタビューしたりもした。自分のネットワークに属していない人たちの意見を知りたかったからだ。

図4-26
Tempoのプロトタイプを試すユーザー

得られたフィードバックは実に有用で成功を予感させるものだった。ほとんどのユーザーは2つのダイヤルの意味を理解したし、与えられたタスクをもとにパターンを調整することもできた。私は特定のペースが予想されるさまざまな活動に焦点を当て、ユーザーはその活動に合うように脈拍パターンを変更しなければならなかった。日常生活でどのようにデバイスを使うと思うか尋ねたところ、多様な答えがいくつも得られ、ユースケースの新しい可能性が開かれた。なかでも驚きの用途が2つ。1つは手根管症候群の痛みを和らげるマッサージサポーター、もう1つがドラムを叩くときに使う無音のメトロノームだ。他にも、瞑想、ヨガ、ランニングやプレゼンテーションのペースを測るといった使い方があげられた。

フィードバックには、振動モーターの感触（強すぎるときがある）や、プロトタイプにつけたダイヤルを細かく調整できないという意見があった。こうした結果をふまえ、スポーツや日常生活での使用により特化したベルトをデザインした。加えて、ユーザーが簡単にいちばん気に入ったパターンを調整して保存できるようなスマートフォンアプリのデザインも開始した。そのプロトタイピングのあと、それまでの仮説のテストから得られた知見を組み合わせて、次のデザインと実行すべきテストを決定した。

実際のプロセス──Etsyの事例

ここまで、プロトタイピングに取り入れられるさまざまなプロセスを説明してきたので、ここからはそのプロセスの実践例を紹介したい。Etsyはハンドメイド作品やビンテージ商品、生活用品を扱うオンラインマーケットプレイスだ。オンラインおよび対面による販売を世界中で促進し、デザイナーやエンジニアを含めた従業員の数は現在900人を超える。

マーケットプレイスの成熟に伴い、Etsyはさらに手を広げ、扱う商品を多様化したいと考えている。私は新規ビジネスの立ち上げによりクライマックスを迎えた最新プロジェクトのプロトタイピングプロセスについて、Etsyの製品チームから話を聞いた。Etsyで商品を販売する人（セラー）向けに新しく開発されたカスタム・ウェブサイト構築ツール、Patternのデザインを担当したのは、シニアプロダクトデザイナーのクアン・ルオとそのチームだ（図4-27）。

Patternのターゲットユーザーは、ショップはあるが個人のウェブサイトを持たないEtsyのセラー。クアンのチームは時間の制約と技術のノウハウが問題の一部だとの仮説を立てた。そうした仮説を検証し、ユーザーが実際に抱えている問題をより正しく理解するために、チームはユーザーリサーチを開始した。クアンはリサーチチームとともに、大勢のさまざまなセラーにインタビューをおこなった。セラーのス

タジオを訪ねて文脈的調査(コンテクスチュアル・インクワイアリー)をし、彼らのブランドや美的センスを十分につかんだ(図4-28)。さらに、もっと多くのセラーについて知るために、チームはセラーのデモグラフィック情報も考慮に入れた。

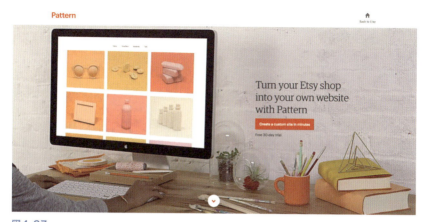

図4-27
Etsyのカスタム・ウェブサイト構築ツール、Pattern

図4-28
リサーチチームがセラーのスタジオを訪問し、彼らのブランドや美的センスを感じ取った。

クアンと彼女の製品チームはすでに、セラーの大多数が女性で、Etsyを副業に活用していることを把握していた。インタビューからは、とにかく時間が貴重であるということ、それから自分のショップやウェブサイトが与えるブランドの印象をもっと思い通りにしたいという気持ちが見てとれた。この重要な知見によって、時間の制約が大きな問題だという最初の仮説が正しかったことがわかり、ブランドの雰囲気に関する新たなペインポイントが浮かび上がった。Etsyの既存のショップページにはカスタマイズできる領域がほとんどなく、ウェブサイトそのものにEtsyブランドが持つ独自の佇まいがある。スタイルはシンプルで清潔感があり、鮮やかなオレンジと白を基調としているが、セラーがイメージする、あるいは求める各自のブランドの空気感には必ずしもフィットしていない。

　インタビューしたある女性は、ハンドメイドのレザージャケットを販売していて、とてもダークなゴス系ブランドを持っていた（図4-29）。Etsyは自分のブランドスタイルに合っておらず、ショップが与える印象についてもっと意見を言えたらいいと思っている。ウェブサイトは作品を発信する大切な場所なので、Etsyをやめたくはない。それなのに、マーケットプレイスを利用するうえで、ブランドイメージがペインポイントなのだ。

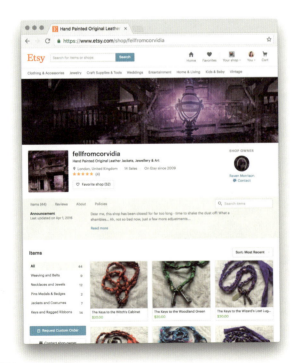

図4-29
個性的な雰囲気のショップの例

リサーチに基づいて、製品チームは簡単ですぐに使えるのと同時に各ブランドに応じてある程度カスタマイズすることができる、ウェブサイト構築ツールのデザインに取りかかった。クアンはまず、初期のユーザーフローを書き出して、チームが取り組むべき範囲について検討した（図4-30）。プロジェクト開始当初、チームの人数はわずか10名だったので、プロトタイプの範囲を広げすぎて手に負えない事態にならないようにアイデアのテスト方法を決定するという難題を抱えることになった。チームは、Squarespaceのような専門企業と張り合うまではいかなくても、極めて個性的なユーザーのためにカスタム・ウェブサイト構築ツールを提供したいと考えた。

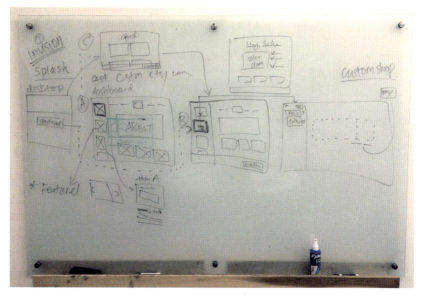

図4-30
クアンは最初のユーザーフローを作成し、プロトタイプの範囲を決めた。

ユーザーフローはユーザーがEtsy.comのバナーでPatternを知り、クリックするところからスタートし、ユーザーがウェブサイトの設定を終えるまで続く。ユーザーのステップを書いたら、クアンはユーザーフローの最初から、ウェブサイトのテーマや色の選択などさまざまな部分のインターフェースのデザインを始めた。セラーへのインタビューと競合他社のリサーチをふまえ、クアンはユーザーが目標を達成するのに最も必要な4つの要素を決定した。それは、全体のテーマ、カスタマイズオプション、カスタムドメインの他、ショップの紹介ページに始まり将来的にはリスティングまでを含むページコンテンツの変更を可能にすることだ。サイトを迅速に作成するために、既存の商品リストのコンテンツのほとんどをそのまま使うので、ユー

ザーは将来リリースされるウェブサイト構築ツールでもそのコンテンツを編集し更新することが可能になるだろう。

クアンはペーパーモックアップとワイヤーフレームを作ってレイアウトを手早く考えると（図4-31）、すぐにSketchとInVisionを使ってインタラクティブなワイヤーフレームを作成し、テストした。チームメンバーから度々フィードバックをもらい、デザインの改良に役立ててからユーザーテストに臨んだ。

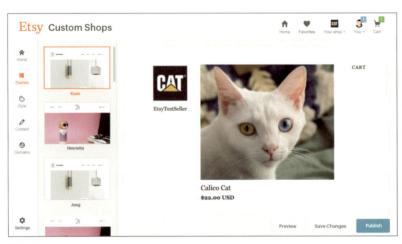

図4-31
クアンは中忠実度のプロトタイプをセラーでテストして、フィードバックをもらった。

クアンは低忠実度のプロトタイプを使わなかったが、それはユーザーをサポートし、何をすべきかわかってもらうには、ウェブサイト構築ツールに文書コンテンツが山ほど必要となるからだ。その代わり中忠実度のクリッカブルなプロトタイプを作り、カスタマイズとテンプレートがどう機能したかについてフィードバックを集めた（図4-32）。プロトタイプには、ユーザーがインターフェースのフローを掴みやすいよう、テキストとコピーを組み込んだ。クアンは3〜4回ユーザーテストを実施し、プロジェクトを通して改良を重ねることができた。

テストからはある意外な知見が得られた。セラーが望むカスタマイズのレベルについてだ。当初製品チームは、ユーザーがあまり自由にカスタマイズできるようにすると、好ましくないデザインのウェブサイトになるのではないかと仮定していた。そこでチームは色の選択肢とテーマの数を減らしてカスタマイズ可能な範囲を制限し、サイトの印象をある程度管理し続けられるようにした。ところが、フィードバックによると、たとえ変わった色の組み合わせのカスタム・ウェブサイトになっても、セラーはその雰囲気をすべて自分の思う通りにしたいと思っていたのだ。

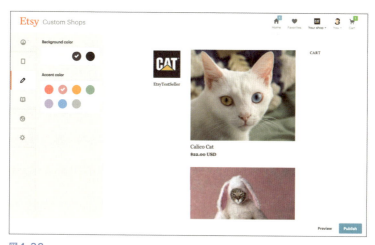

図4-32
クアンは限定的なカラーピッカーをテストして、セラーが追加機能を正しく認識できるかどうかを確認した。

　クアンのチームは、ユーザーにとってこのカスタム・ウェブサイト内のブランドエクスペリエンス全体をコントロールできるということは予想していたよりも重要度が高いことに気がついた。カスタム・ウェブサイトはEtsyのサイトとは別のインターフェースだったからなおのことだ。ユーザーテストを終えたチームは、カスタム用のカラーピッカーを追加してセラーがブランドのカスタマイズを全面的にコントロールできるようにした（図4-33）。

図4-33
最終的に選んだカラーピッカーはとてもうまく機能している。

2016年4月、製品チームはPatternを発表した(図4-34)。新製品はたちまち受け入れられ、投入から2カ月以内に年間目標を達成し、成功をおさめた。もしもう1度やれるとしたら、クアンはプロジェクト開始時に関与するデザイナーの数を増やそうと思うだろう。そうすればリサーチや初期のデザイン制作のための人手が足りただろうし、チームはもっと迅速に作業を進めることができたと思われる。そのうえ、より詳細なインタラクションにフォーカスし、A／Bテストを実施できていたはずだ。

図4-34
Patternのセットアップの最後に、ユーザーはウェブサイトのテーマを選ぶ。

　ユーザー中心のプロトタイピングのプロセスに従って、クアンの製品チームはウェブサイト構築ツールを繰り返し迅速にテストすることができた。製品が出荷される前に、ユーザーの新サービス申し込みの妨げになっていたかもしれないカスタマイズ化の大きな問題をつかむことができた。結果的に、彼らはユーザーのためにより質の高いエクスペリエンスを生み出し、その製品はかけた労力以上の成功をもたらしている(図4-35〜36)。

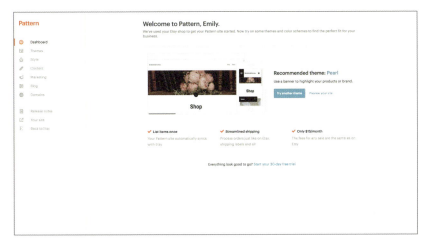

図4-35
Pattern のダッシュボードには提案とシンプルな歓迎のメッセージを載せた。

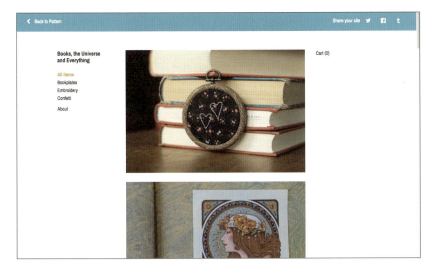

図4-36
Pattern のウェブサイトのサンプル

4. プロトタイピングのプロセス | 97

まとめ

プロトタイピングのプロセスには多くの共通点がある一方で、その理由や目標、オーディエンスによる違いもある。これら3つの要素を決めてしまえば、何にどの順番で着手すればいいかを考えるのに、本章を指針として役立てることができる。すばやく取りかかるには、"実用最小限のプロトタイプ"を作ってプロトタイピングに慣れることだ。その他の各プロセスは製品開発のその他の段階で用いる。探索はコンセプトが固まる前の初期の時点で、別のコンセプトを検討し、自分が正しい問題を解決していると確信するためにおこなう。仮説のテストは開発プロセスを通してたびたび実行し、実際のユーザーでアイデアを試す。探索の結果とアイデアをプロトタイプの形でチーム全体に提示すれば、認識をすり合わせてプロジェクトの正しい方向性についての同意を得ることができる。

これらのさまざまなプロセスによって、あなたは何が必要で、どうすれば効率よく仕事を進められるかに集中することができる。

第 5 章

デジタルプロダクトのプロトタイピング

ソフトウェアやアプリのデザインは、人々に直接影響を与える巨大な機会領域だ。インターネットや活発なオープンソースコミュニティによって、ソフトウェア開発のハードルは低くなった。始めるのは簡単で、テキストエディタさえあれば、興味深いインタラクティブなエクスペリエンスのプロトタイプを作ることができる。さらに一歩進めれば、共同チームでスケールを拡大して、便利で大規模な使用が可能な製品を作ることができる。スタートアップか一流企業かを問わず、デジタルプロダクトのプロトタイピングはアイデアを改良して次のビッグヒットを生み出すにはどうすればいいかを教えてくれる。

　本章では、スクリーンベースのインタラクションと、それらを含む、より広範なエクスペリエンスのプロトタイプの作り方にフォーカスする。コーディングやデザインの実装方法には触れないが、エクスペリエンスのプロトタイプを作り、デザインの意図をステークホルダーや開発担当者に伝えるために実行できる方法を紹介したい。

デジタルプロダクトデザインの第一歩

ソフトウェアデザインに取りかかるには、まずユーザーのニーズを見つけてその解決を試みるのが最も効果的だ。ニーズは、たとえばいつ雨が降り出すかを家にいながらにして正確に知りたいとか、外で雨を検知したら通知をくれるスマホのアプリがほしいといった、ばかばかしく思えることかもしれない。けれども、問題解決のアイデアを思いつけば、テストすべき仮説を立てられ、どこからプロトタイピングを始めるのが賢明かわかるだろう。

スコーピング

デジタルプロダクトのプロトタイピングで難しいのは、製品やプロトタイプの製作

においてスコープクリープ／フィーチャークリープ〔前者はプロジェクトの進行に伴いスコープが少しずつ肥大化していくこと、後者はプロダクト開発で必要以上に機能を追加し性能を向上させ、結果的に使いづらいものを作ってしまうこと〕に陥らないようにすること。つまり、1つのインターフェースであまり多くの問題を解決しようとせず、ステークホルダーにプロセスの後半になって新しい機能を追加させないよう意識的に心がけなければならないのだ。むしろ、製品のアイデアをテストするときは、核となるエクスペリエンスができるまで、機能とインタラクションは削ぎ落とすべきだ。土壇場の機能追加を防ぐには、ユーザーの味方になって意見を主張する必要があるかもしれない。デザインとその方向性をサポートするため、ユーザーリサーチは必ず文書にまとめ、裏づけとなるよう十分なテストをおこなわなければならない。

　一例をあげると、Sketchを作ったチームは、ユーザーインターフェースのデザインを容易にするためのソフトウェアにフォーカスした。チームはデザイナーがAdobeのIllustratorやPhotoshopなどの既存の製品に抱いているペインポイントを解決しようとした（図5-1）。これらはもともと従来型のプリントやグラフィックデザイン作業のために開発された製品だが、インターフェースのデザインにも取り入れられている。ソフトウェアのデザイナーはIllustratorの速度とPhotoshopのレイヤーシステムに不満を感じていた。どちらも作業を迅速に完了させるために必要な、ちょうどいい機能を持っていなかったのだ。

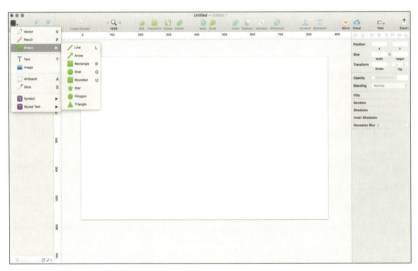

図5-1
Sketchはソフトウェアデザインの範囲をあえて絞り込み、最大の競合相手Illustratorの主なペインポイントを克服するよう定めた。

Sketchのデザインチームは、デザイナーがスクリーンをより早く簡単にデザインするのに必要なツールやサポートを正確に把握した。「シンボル」機能は、ドキュメント全体に複数使われるシンボルを1カ所で更新できるようにしたものだ（図5-2）。チームはまた、すばやく保存できて、多くの異なるプロトタイピングやアニメーションプログラムにインポートできる新しいファイルタイプを作った。

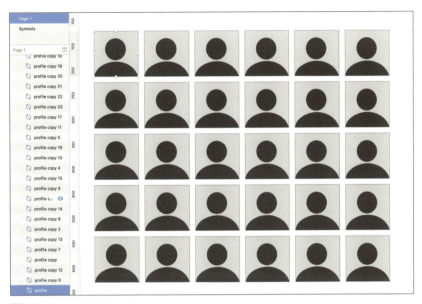

図5-2
シンボル機能によって、デザイナーは作成した1つの要素をドキュメント全体で何度も使うことができるし、全部を同時に更新することもできる。

　新たに機能を増やすのではなく、彼らはコミュニティに、より多くの機能を使う手間のかかる作業をこなすためのオープンソースプラグインを作るよう促した。一例としてInVisionが製作したCraftプラグインがあるが、これはオブジェクトの複製やリアルなダミーデータの挿入、InVisionとの同期などの多くの機能を提供する（図5-3）。このように他の企業に新たな機能を作らせたおかげで、Sketch製品自体は肥大化せず、ユーザーはインストールする追加機能を自由に選ぶことができる。Sketchの最終製品は、スクリーンモックアップの作成と、派生ソフトウェアを使ったそれらのプロトタイプ化を迅速にする。従来型のデザインソフトウェア業界をかき回し、Sketchは他の会社がプロダクトデザインとエクスペリエンスを向上させるのに一役買って、市場全体をよくしている。

図5-3
CraftはSketch用のプラグインで、デザイナーにデータ、複製、InVisionとの同期といった新たな機能を提供する。

デジタルプロダクト特有の性質

デジタルプロダクトには独自の本質的な特徴がいくつかある。そのデザインの基盤はたいてい、画面でのインタラクション、そして現在のデバイス向けの多様なサイズとインプット手法だ。デジタルプロダクトのデザインならではの要素には、スクリーン、レスポンシブデザイン、さまざまなタイプのインタラクション、アクセシビリティ、アニメーションなどがある。

スクリーン

ソフトウェアとハードウェアを分けるのは、後者が単独のフィジカルプロダクトであるのに対し、前者はスクリーンのついたデバイスを介して提供されるという事実だ（図5-4）。画面入出力を備えたスマートオブジェクトをデザインする機会があるなら、本章はそれらのインタラクションのデザインの参考になる。スクリーンの情報転送能力はすばらしく、人とインターネットを、そして人と人とを結びつける。私たちがデザインを作るのに使うソフトウェアは同じインターフェース内でデザインされ、コーディングされたものだ。

図5-4
デジタルプロダクトはスクリーンを通して提供される。

　インタラクションデザイナーとして、私たち自らが日頃から媒体を使う経験をしている。その時間を活用して、新しいインタラクションパターンやデザイン要素がないか常に気にして、情報を得るべきだ。けれども、世の中にはお粗末なユーザーエクスペリエンスをもたらすアプリやソフトウェアがごまんとあって、そのせいで集中力はいとも簡単に切れる。イライラさせるエクスペリエンスに遭遇したら、それを改良するさまざまな方法を考えて、その思慮深い分析を実際の仕事に活かさなければならない。

　さらに、スクリーンベースのプログラムやウェブサイトを使うときはいつでも、今何をしていて次に何をするかを自問しよう。ナビゲーションはスクリーンベースのフローの大きな要素であり、ユーザーがどこにいてどこに向かうかを示す方法を理解しておけば、日々の作業に役立つだろう。

　スクリーンにも制約がある。サイズそのものと、二次元であることによって、インタラクションのスペースが限られていることだ。インターフェースには三次元を提示できるが、仮想／拡張現実のインターフェースをデザインするまでは、デザインの奥行を示すものを模造することしかできない。ただし、そのためのオプションはかなりの数にのぼる。前後に要素を重ねるz-indexを使えばコーディングしたインタラクションに奥行を組み込むことができる（図5-5）し、GoogleのMaterial Designシステムならインターフェースを重ねて要素の奥行と重要性を表すことができる（図5-6）。

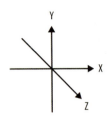 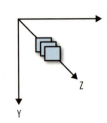

図5-5
x軸、y軸、z軸上でデザインすることができる。

図5-6
Google Material Designはレイヤーを用いて奥行を表す。

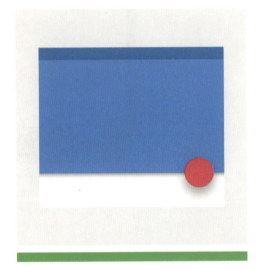

Do.
Softer, larger shadows indicate the floating action button is at a higher elevation than the blue sheet, which has a crisper shadow.

　スクリーンベースのインタラクションのプロトタイプを作るときは、実際の画面の形状、サイズ、あるいは媒体をシミュレートするのがいちばんだ。デジタルプロダクトの最終媒体はブラウザやデスクトップで実行されるコードである。アイデアをこうした実際の媒体でテストするプロセスは必ず入れるべきだが、アイデアに磨きをかけてコーディングする準備ができるまでは、紙やその他の手段を使って画面をシミュレートしよう。

レスポンシブデザイン

コンピュータソフトウェアやエンタープライズソフトウェアをデザインするときは、プログラムが使用される具体的な設定や環境——たいていはオフィスのデスクトップかノートパソコン——を把握しているはずだ。しかし、ソフトウェアやアプリケーションがウェブ上にホストされていれば、どのデバイスでも使用可能なだけでなく、スマートフォンが使えるほとんどのシチュエーションにおいても使用することができる。

ウェブベースのデジタルエクスペリエンスやスマートフォンアプリのデザインは、モバイルファーストでレスポンシブになるよう設計しなければならない。スマートフォンによる閲覧はこの数年で飛躍的に増加し、2014年にはデスクトップを上回っている。[*1] その点を考えれば、多様な画面サイズのプロトタイプを作ることが極めて重要で、デスクトップとモバイル、どちらのエクスペリエンスもテストできるレスポンシブなプロトタイプならもっといい。

モバイルファーストなデザインでは、可能な限り小さなサイズの画面で製品がどう使用されるか、そうした媒体に伴う制約は何かを十分に検討しなければならない。モバイルブラウザではデスクトップで使えるサードパーティ製プラグインを全部使用できるわけではない。目指すのは、小さい画面の使用に最適なエクスペリエンスをデザインし、画面サイズの拡大に合わせてそのエクスペリエンスを徐々に強化することだ。

最初にデスクトップに取り組んでから、より小さい画面で機能するまでデザインを削ぎ落としていくやり方でも変わりがないように思える。だがそのプロセスはプログレッシブエンハンスメント〔古いブラウザを基準として、新しいブラウザによりよい機能やデザインを提供すること〕ではなくグレースフルデグラデーション〔最新のブラウザで動作するように新しいサイトやアプリケーションを構築し、古いブラウザには制限のある機能やよくないデザインなど最低限のものを提供すること〕である。ユーザーには、モバイル"版"がついでの思いつきなのは見え見えだ。モバイルサイトはどれもこれも使いものにならない！　たいていは時間をかけて最良のエクスペリエンスを生み出す努力を怠り、特定のプラグインに依存したインターフェースを作るだけで、モバイルブラウザできちんと使える代替版はほとんどない。

デグラデーションからエンハンスメントに意識を変えれば、多くの制約のもとで最も質の高いエクスペリエンスを生み出すことに注力して、優れたデザインを完成

---

*1 Mary Meeker, "2015 Internet Trends Report," 2015 Internet Trends——Kleiner Perkins Caufield Byers, May 27, 2015, https://www.kleinerperkins.com/perspectives/2015-internet-trends〔2019年5月28日にアクセス〕

させることができる。デスクトップブラウザに使える別の新たな機能を追加するのは、それからでいいのだ。あるいは、そうすることによって性能がよく焦点を絞った製品を作り、モバイル画面で動作しない余分な機能を省けるかもしれない。いずれにせよ、ユーザーのためのプロトタイピングを心がければ、彼らがどちらを使ってアクセスしても関係なくベストな製品を作ることができるだろう（図5-7）。

図5-7
デスクトップを基準にしたグレースフルデグラデーションと、モバイルを基準に考えるプログレッシブエンハンスメントの比較。（画像提供：ブラッド・フロスト）

　レスポンシブデザインとは、ブラウザのウィンドウやデバイスのサイズに応じてレイアウトやデザインを若干変化させ、あらゆるサイズの画面にベストな見た目と機能を提供すること（図5-8）。これを実践するには、サイズを大きくしたときにデザインや見た目が崩れる境目であるブレークポイントを選ばなければならない。各ブレークポイントでは、どのデバイスでも質の高いエクスペリエンスが得られるよう、デザインのレイアウトを微調整する。ブレークポイントを決めたら、それぞれのプロトタイプを作成してテストをおこなう。そうすれば、どんな大きさの画面でもレイアウトが崩れないことを確認できる。
　より詳しい情報は、ルーク・ロブルースキーの『Mobile First（モバイルファースト）』およびイーサン・マーコットの『Responsive Web Design（レスポンシブウェブデザイン）』（A Book Apart刊）を参照。

図5-8
レスポンシブデザインでは必要に応じてブレークポイントを決め、どんなサイズでもレイアウトが最適になるよう調整する。

　モバイル、タブレット、デスクトップ用の"標準ブレークポイント"を使うのは避けよう。各製品カテゴリーには異なるサイズの画面が山ほどあり、さらにモバイルやタブレットは縦横に回転させる場合もあるため、これら3つを標準サイズとする考えは間違いなのだ（図5-9）。むしろ、自分の作る製品に合わせてブラウザのサイズを拡大・縮小し、正しいブレークポイントを選べば、ユーザーがどのデバイスを使おうと質の高いエクスペリエンスを実現できるはずだ。

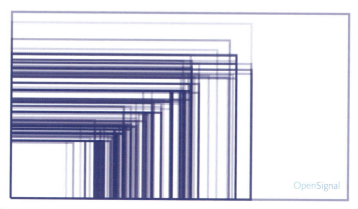

図5-9
上の長方形が示すように、アンドロイド製品だけでも画面サイズの数はこんなにある。
（画像提供：OpenSignal）

　さらに、レスポンシブデザインは表示する情報や組み込むインタラクションの種類にも影響する。アプリケーションのアウトプットに使用できる画面上のスペースが増え、ブラウザプラグインが使えるようになるにつれて、もっとおもしろいモーションやインタラクションを実行できる可能性がある（図5-10）。目指すのは、小さい

画面のユーザーのコンテンツやインタラクションを制限することではなく、彼らに完全なエクスペリエンスを創出し、大きな画面のユーザーには必要に応じて新たな要素を追加することなのだ。

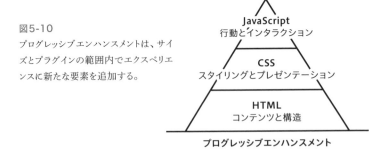

図5-10
プログレッシブエンハンスメントは、サイズとプラグインの範囲内でエクスペリエンスに新たな要素を追加する。

　ユーザーのインタラクションを最も正しく理解するには、異なるいくつかのレベルでブレークポイントのプロトタイプを作り、テストする必要があるだろう。中〜高忠実度のプロトタイプなら、小さい画面とデスクトップ、両方のバージョンのワイヤーフレームを製作し、それらをもとに、InVisionのようなプログラムを使って手早くクリッカブルなプロトタイプを作るのもたやすい。

　その他、とりわけ小さい画面のデザインをする際に考慮しなければならないのは、タイポグラフィとホバー〔カーソルを乗せたときのスタイル変化〕のインタラクションだ。作成するコンテンツは小さい画面でも読めなければならないので、フォントサイズは最小で16px（1em）をおすすめする。このサイズ以上のフォントを使うようにすれば、ユーザーはしょっちゅうズームインしなくてもいいし、あなたはユーザーのデザインの見方やインタラクションをより適切にコントロールできるだろう。加えて、今の時点ではモバイルでホバー効果を実装する方法はないので、ツールチップやコンテクスト情報を表示するには必ず別の方法を考える。ホバーの代わりに、クリック動作でツールチップを開いたり閉じたりするようにしたらどうだろう。ホバーを使わずに、ボタンやクリック可能な要素を静的要素と区別できるようにしなければならない。

さまざまなインタラクションのデザイン

　モバイルと画面のデザインにはもう1つ、タッチとボイスのインタラクションのデザイン作業がある。タッチベースのデザインには、ジョシュ・クラークの『Designing for Touch〔タッチのためのデザイン〕』（A Book Apart刊）が大いに参考になる。彼はタッチスクリーンの人間工学、要素のサイズ決め、直感的で検出可能なジェスチャーの方法を掘り下げている。デザインのこうした要素のプロトタイプを作りテストするには、ペーパープロトタイプをもう少し作り込んだものにするか、実際のデバイスでテス

トできるように早い段階からソフトウェアを利用する必要がある。

いくつかの一般的なジェスチャーと、それらをペーパープロトタイプにどう組み込んだらいいかを以下に説明しよう(図5-11)。

タッチ

ボタンなどをクリックしたり選択したりする一般的な動き。クリック可能な要素はそれらがボタンであることないしは選択可能なアイテムであることを示すべく、色を変えたりリンクにアンダーラインを引いたりして表示する。それからタッチ動作が誘発するアクションをつける。

ダブルタッチ、ピンチアウト、ピンチイン

ズームでよく使われる。ズーム可能な画面の一部の、ズームイン／アウト後の画面を用意する。ユーザーがダブルタッチするかピンチしたら、その部分を入れ替える。

ドラッグ、スワイプ、またはフリック

通知をスクロールする、または消すときの動作。ウィンドウから引き出せる長い紙を用意して長いページを表し、通知はプロトタイプに何層かに重ねて貼り、簡単に外せるようにする。

2本、3本、4本指スワイプ

いろいろなことができる動作。動作の結果どうなるかを決めて、ユーザーが何を試してもいいように、それぞれのシナリオに沿った画面を別に用意する。

2本指のタップ

一般的にMacOSでズームする、または右クリックメニューを開く。ズームの場合はダブルタッチを参照。ユーザーが右クリックする場合に備えて、右クリックメニューをフレームに差し込めるようにする。

2本指プレスと回転

回転させられるように要素をフレーム内に分けて配置する。通常はユーザーに要素を回転させる。

ハードタッチ (iOSの3Dタッチ)

別メニューを開く。クイックアクションのポップアップメニューかコンテンツプレビューを用意して、ユーザーがハードタッチしたらすぐにフレームに差し込む。

長押しとスワイプ

選んで移動させる。ユーザーがドラッグして移動できるように、動かせるオブジェクトを別々の紙で作る。

トップからプルダウン

この動作で何をするかを選び、(Snapchatのように)再読み込み画面か(多くのウェブサイトのように)追加メニューを表示する。

エッジスワイプ

メニューまたは追加の画面をフレームに収められるよう準備しておく。

図5-11
インターフェースのデザインやコーディングを開始する前に、低忠実度のプロトタイプでジェスチャーをテストすることができる。
(画像提供:ロブ・エンスリン〈Flickrユーザー〉)

スクリーンベースのモバイル製品では、音声の入出力をデスクトップよりも簡単に使える。たとえば、対話型アシスタントをデザインしているなら、会話とそれを視覚的に表示したもののプロトタイプを製作できる(図5-12)。スピーカーに代わるものとのインタラクションのプロトタイプを作り、ロケーションテスト〔開発段階で一般公開するなどしてユーザーの意見を取り入れ、調整するためのテスト〕をしてみてもいい。

ユーザーテストではファシリテーターにアシスタントの役割をさせ、ユーザーの要求に口頭で対応させる。同時に会話の内容を紙のインターフェースに書き、画面

上でどう見えるかを提示する。忠実度が低いプロトタイプの場合は、紙のインターフェースを使わず、ユーザーが選べる指示とあらかじめデザインされたアシスタントによる反応のリストを用意しておき、ユーザーにはあなたに話しかけるよう求める。いずれかの方法を使えば、実際の対話エンジンの構築に多くの時間をかける前に、新しいタイプのインタラクションをテストすることができる。

図5-12
対話型インターフェースのペーパープロトタイプ

アクセシビリティ

ソフトウェア、ウェブアプリ、スマートフォンアプリをデザインしているときは、あらゆるタイプのユーザーについて検討しなければならない。アクセシビリティとはどんなデバイスや支援技術を使おうと、どんな能力レベルであろうと、誰でも利用できるインターフェースをデザインすることだ。一般に、視覚、聴覚、身体、言語、または認識機能障害を持つユーザー、色覚異常のユーザー、スクリーンリーダー（画面読み上げソフト）やキーボード専用入力などの支援技術を利用するユーザーを考慮に入れる。

　視覚障害や色覚異常については、デザインとプロトタイプではコントラスト比と色の選択のテストを考えなければならないが、これは図5-13に示すコントラスト比ツール（http://bit.ly/2hMgVo6）を使って実行できる。コントラスト比とは、テキストの色

とその背景の色を比較する測定基準だ。視力が弱い人や色を区別できない人が製品コンテンツを読めるようにするには、高コントラストにしなければならない。フォントの太さと大きさもコントラスト比に影響するので、細いフォントを低いコントラスト比で使わないように心がける。忠実度が高いプロトタイプでは必ずコントラスト比をテストすること。結果によってはビジュアルデザインのやり直しを余儀なくされる可能性があるので、チェックをプロセスの最後にまわしてはならない。

図5-13
コンテンツのアクセシビリティに役立つコントラスト比チェックツール

　色覚異常には緑タイプ、赤タイプ、青タイプがある。最も一般的なのは緑と赤で、世界の男性の8％が何らかの色覚異常を持っている。女性はそれより少なく、世界人口の約4.5％だ。[*2] 色覚異常の人に直接影響するような色の組み合わせ、特に緑と赤、緑と茶、青と紫、緑と青は避けるようにしよう（図5-14）。特に、忠実度の高いユーザーテストには色覚異常か視覚障害を持つユーザー数名に参加してもらう。視力の正常な人が気づかない問題を指摘することができるはずだ。

---

*2 We Are Colorblind, "A quick introduction to colorblindness," http://bit.ly/2gQYfTW.

| 正常色覚 | 2型色覚者 | 1型色覚者 |

図5-14
正常な色覚と、緑／赤、青／黄の色覚異常の比較

　スクリーンリーダーとキーボード専用入力は、ソフトウェアとユーザーのもう1つのインタラクションの方法だ。スクリーンリーダーはページのテキストと画像を合成音声に変換し、音声として出力する。使用するのは目の不自由な人や重篤な視覚障害を持つ人だ。プロトタイピングのプロセス、とりわけコーディングしたプロトタイプを製作しているときは、少なくとも数回はスクリーンリーダーを使ってみて、一部のユーザーが製品とどうやってインタラクションするかを耳で確認しておこう。

　キーボード専用入力は身体の障害によりマウスを使えない人が主に使用する。マウスの代わりにユーザーはキーボードの方向キーかタブボタンでインターフェースを操作する。スクリーンリーダーおよびキーボード専用入力のインタラクションの両方に質の高いエクスペリエンスを提供するベストな方法は、開発担当者が正しいドキュメント構造を用いているかを確認することだ。スクリーンリーダーとキーボード専用入力はドキュメント構造をナビゲートしてユーザーのための価値を見つける。開発担当者が、構造化され、画像コンテンツにふさわしい選択肢を持つクリーンコード〔読みやすいきれいなコード〕を書けば、大いにユーザーの役に立つだろう。

　すべての能力レベルにあわせてデザインとコードを作る方法のベストプラクティスは数多くある。Web Accessibility Toolkit（http://bit.ly/2gPEhZu）にある技術標準に目を通しておいたほうがいい。世界中の人々がアクセスできるデザインにするには、あらゆる能力の人々を対象にユーザーテストを実行するのが有益だ。実際のユーザーの関与が得られない場合は、最低でもこれらのベストプラクティスに基づいてプロトタイプをシミュレーションし、テストしよう。

　AppleとAndroidのオペレーティングシステムには、画面の読み上げや、コントラストを上げたりフォントサイズを大きくしたりできるアクセシビリティツールが内

蔵されている。そうしたツールをオンにして、コーディングしたデザインをテストし、どんなタイプのユーザーも理解できるデザインになるよう徹底しよう。Appleのコンピュータでこのツールにアクセスするには、メニューから「システム環境設定」→「アクセシビリティ」を選択する。iOSでは「設定」→「一般」→「アクセシビリティ」を選択する(図5-15)。Androidの場合は「設定」→「アクセシビリティ」を選ぶ。

図5-15
Appleのデスクトップとモバイルのアクセシビリティメニュー

アニメーション

フィジカルプロダクトにもデジタルプロダクトにもテストすべきインタラクティブな要素は多くあるが、特にデジタルプロダクトで考えなければならないのはアニメーションとモーションだ。インターフェースのモーションはユーザーに文脈を与えて全般的な理解を楽にする。それは、ユーザーのアクションとシステムの結果を結びつけ、エクスペリエンス全体の行動を定義づけし、コレオグラフィ〔ユーザーをUIに引きつけておくためのモーションの並べ方〕を作る。あなたの製品を使っていくうちに、ユーザーはモーションをデザインの直感的なボディランゲージと解釈できるようになる。モーションはユーザーが製品についてのメンタルモデルを構築する一助となり、製品の個性とブランドアイデンティティを強化する。2つの画面のあいだで発生するモーションによりユーザーを次のページの最も興味深い要素に誘導できる。

　アニメーションを作るのに要するエンジニアリングの労力はインターフェースの他のどの部分よりも大きいので、プロトタイプを作りテストすることは不可欠だ(図5-16)。開発担当者が時間を費やして形にする前に、ユーザーのエクスペリエンスと理解に価値を与えるモーションであることを確信できなければならない。

図 5-16
開発担当者の製作時間を確保するため、アニメーションのプロトタイピングは早いうちに実行することが大事。

アニメーションのプロトタイピングとコミュニケーションの方法は数多くある。アニメーションを作ってテストするのにいちばん簡単なのは、ストーリーボードを手早く作成し、さまざまな状態についてよく検討することだ（図5-17）。CTAをタップしたとき、2つの画面のあいだに何が起きるだろうか。特定のモーションのコーディングの実現可能性（フィージビリティ）について開発担当者と話をするときは、シンプルなスケッチがあると重宝する。ただし、その結果モーションの外観と動作についてのチームの理解が足りないことが明らかになる場合もある。

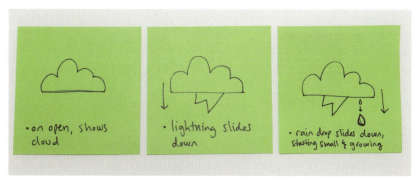

図 5-17
アニメーションのストーリーボードは、スキルもほとんど不要で簡単に意図を伝えられる優れた方法だ。

Keynoteのようなソフトウェアを使えば、中忠実度のモーションプロトタイプを作ることができる。プレゼンテーション用ソフトがUIアニメーションの作成に使えるなんて意外に思うかもしれないが、あまり長い時間をかけずにアニメーションを再生し試してみる手軽な方法なのだ。Keynoteにはたくさんのモーションが内蔵されているし、独自のモーションを作ることもできる（図5-18）。

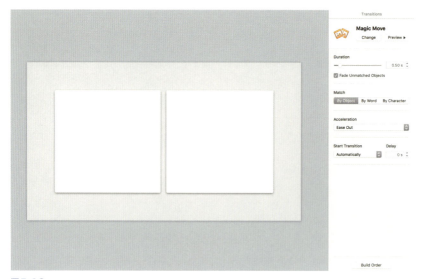

図5-18
Keynoteでモーションプロトタイプを作ることができる。

　Keynoteのほとんどのアニメーションは、開始と終了の位置を決めさえすればあとはアニメーションエフェクトのマジックムーブがその間のモーションを自動で作成する。あなたは要素の拡大・縮小、位置、回転を調整し、モーションの継続時間や速度をカスタマイズできる。イーズイン／アウトを使うと、モーションはより滑らかな印象になり、プレゼンテーション用ソフトウェアで作ったとは思えない仕上がりになるだろう。ドキュメント内にリンクを追加してHTMLにエクスポートすれば、スマートフォンで使用できるクリッカブルなプロトタイプだって製作することができる。本稼働でも使用可能なプロダクションコードはエクスポートされないが、それでもユーザーテストには十分な性能だ。Keynoteでアニメーションを作成する詳しい方法については、Smashing Magの記事「How to Prototype UI Animations in Keynote〔KeynoteでUIアニメーションのプロトタイプを作る方法〕」(http://bit.ly/2gPCF1W) を読んでみよう。

　特定のソフトウェアでより忠実度の高いアニメーションを作り、動画を保存してテストや説明に使用することもできる。現時点では、Flinto、Framer、Pixate、InVisionのMotion、Principleなどのアニメーションプロトタイピング用ツールがある（図5-19）。デザインファイルにアニメーションをつけて完全なユーザーエクスペリエンスを再現できるツールは日々新しく登場しているようだ。SketchやPhotoshop、またはIllustratorから中～高忠実度のワイヤーフレームをインポートして、内蔵されているカスタマイズ可能なモーションでアニメーション化できる。もしくは、プログ

ラムの基本的な描画ツールで低忠実度のワイヤーフレームを描き、本格的な作業の前にモーションを試してみてもいい。Framerはコードベースで高忠実度のアニメーションを作るのでやや異なるが、正しく構成されたSketchファイルなら使用可能だ。

図5-19
忠実度の高い複雑なアニメーションやモーションを作るなら、Flinto（上図）、Framer、Principleを試してみよう。

　モーションデザインを本格的にやってみたければ、もっと強力なツール、たとえばAfterEffectを使って詳細なタイムラインと複雑なモーションを作ってみるといい（図5-20）。それらのモーションはCSSによるコーディングでアニメーションに転換することができる。特定のグラフィックのSVG（ベクター画像の一種）をエクスポートし、CSSでアニメーションやモーションにすることもできる。このタイプのアニメーションは読み込み中を示すインジケーターやアイコンのモーションに適している。アニメーションに慣れたら、それらのほとんどをコード化していきなり高忠実度のプロトタイプを作ることができる。モーションの多くはCSSで作成可能で、画像を必要としないため動きが軽やかになり、読み込み時間も短くなる。

　ユーザーテスト用のプロトタイプにアニメーションを組み込んだら、それがインターフェースを介してユーザーをどう導くかに注目しよう。モーションはユーザーに適切な文脈を与えているか、それともユーザーの注意をタスクからそらしているか。さまざまなページがどうスクロールアップ／インするかを観察しよう。モーションによってユーザーの位置感覚は乱されていないだろうか。ユーザーテストでは、ユーザーがアプリやソフトウェアのどの場所にいるかを理解しているか確認しよう。

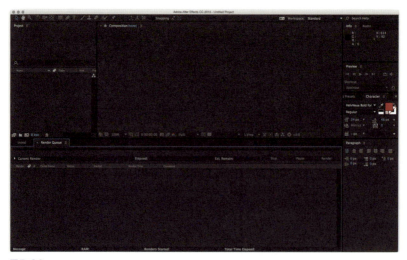

図5-20
AfterEffectsは独自のアニメーションの作成やモーションの学習に効果的なツールだ。

　こうしたモーションのいろいろな側面——文脈、ローディング(読み込み)、個性——はすべて、中〜高忠実度のプロトタイプを製作してテストすることができる。重要なのはきれいなアニメーションを作ることではなく、情報に基づく意思決定をすることだ。たとえこの上なく美しいアニメーションだろうと、正しく適用され使用されなければエクスペリエンスをだめにしかねない。

　アニメーションやモーションの適用は慎重に。動きの一つひとつに目的があり、全体のユーザーエクスペリエンスにプラスの貢献をするよう万全を期すこと。詳しくはモーションデザインの詳細を掘り下げたヴァル・ヘッドの『Designing Interface Animation〔インターフェース・アニメーションのデザイン〕』(Rosenfeld刊)を参考にしよう。

準備

基本のアセットがいくつかあれば、必要な要素を網羅し、全体のプロセスに寄与する的を絞ったプロトタイプを作ることができる。ユーザーフローを作成し、それを組み込むさまざまな方法をスケッチするなど、時間をかけて準備しよう。

ユーザーフロー

「ユーザーフロー」は、人がソフトウェアやアプリを使い、いろいろな画面をナビゲートしてどのように目標を達成していくかを示す。ペインポイントを決めたら、ユー

ザーフローを使ってそれを解決する異なる方法をいくつか考えられる。ユーザーの目標をふまえて、"ハッピーパス"、すなわちユーザーがタスクを完了する最も簡単かつ迅速なルートをデザインしよう。

ハッピーパスができたら、プロトタイプを作ってテストし、ナビゲーションが明確で、ユーザーにとって最も直感的なナビゲート方法であることを確認する。ユーザーはアプリの新しい操作方法を見つけ、そのせいでいくつかの機能を使わないケースが往々にしてある。プロトタイプをテストすれば、ユーザーがタスクからタスクへ移動する助けになるように全体のデザインを改良できるだろう。

ユーザーフローはプロトタイプの範囲を決めるのに最適だ。特定のユーザーのフローをまるごと書き出して、どの部分が最も仮説に基づいているかを選ぶ。込み入ったインタラクションを小さいまとまりに分解すれば、より迅速に作業を進め、全体の包括的なテストではなく、より複雑なインタラクションを選んでテストすることができる。

たとえば、人々が聞いたおもしろい音を投稿するソーシャルメディアアプリをデザインしているとしよう。私なら図5-21のようなユーザーフローを作る。

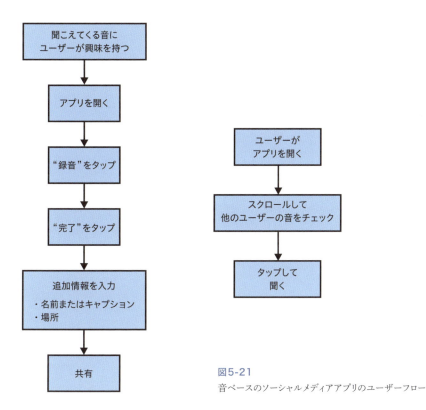

図5-21
音ベースのソーシャルメディアアプリのユーザーフロー

それからユーザーフローのなかで最もリスクが大きい、仮説ベースの部分を探し、すみやかにターゲットを絞ってテストできるようにする。音のソーシャルメディアの場合は、録音と共有のプロセスのテストから始める必要がある（図5-22）。アプリのその部分のデザインとテストが完了したら、ログインやプロフィールなど、標準的な部分の作業を始めることができる。最初にいちばんリスクの大きな部分に対処すれば、チームが正しい方向に進んでいると確信できるし、間違っているとわかればすぐさま方向転換できるのだ。

　ユーザーフローは単なる優先順位づけのツールではなく、プロトタイピングの準備作業としても優れている。言葉、図、ストーリーボードなどでユーザーフローを作れば、あとからデザインしプロトタイプを作る必要があるインタラクションのタイプを決めることができる。

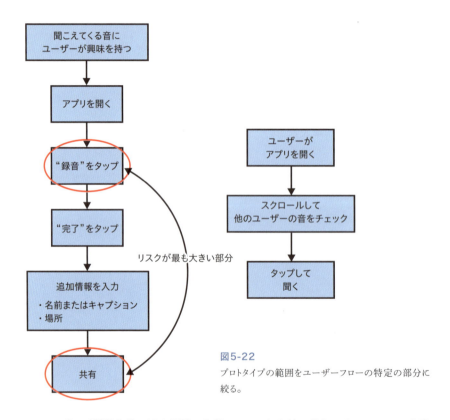

図5-22
プロトタイプの範囲をユーザーフローの特定の部分に絞る。

　ユーザーが製品を見つける経緯から始めて、それを使い終わるまでのフローを書き出す。アプリでタスクを完了させるまでにユーザーが経験するステップをすべて書き出そう。付箋を使えば、順序を考え直したり、移動させたりしながら別のフロー

をじっくり考えることができる。この活動は柔軟にインターフェースをデザインするのに力を貸してくれる。

多様なユーザーに合うようにユーザーフローは複数作成する。そのためにペルソナをいくつか用意しておくといいかもしれない。少なくともはじめてのユーザーと2回目以降のユーザー、2種類のユーザーがいるはずだ。たとえば、サインインがはじめてのユーザーと2回目以降のユーザーではインタラクションが異なり、前者にはオンボーディング〔手ほどき〕のエクスペリエンスが必要になるだろう（図5-23）。

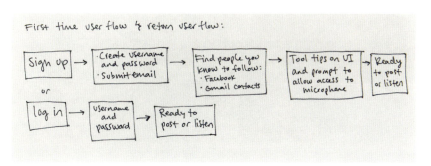

図5-23
最初のユーザーと2回目以降のユーザーが製品とどのようなインタラクションをするかを書き出そう。

ユーザーフローは、チームやステークホルダーに見せて製品の使用感についてフィードバックをもらい、何度も繰り返し作成する。この時点では、開発担当者からもフィージビリティに関するフィードバックをもらえるかもしれない。これらの初期のフェーズを進めるときは必ずチーム全体を関与させ、作っている製品に対する認識をすり合わせておこう。

スケッチ
アプリのフローの核となるアイデアが決まったところで、ユーザーが目標を達成するのに必要なインターフェースを描いていこう。ユーザーフローのステップ一つひとつについて細かく検討し、さまざまなコンポーネントとそれらがどんな構造になるかについてのアイデア（図5-24）をいくつかスケッチする。同一のインタラクションパターンを解決する別の方法を考えるために、豊富なバリエーションを描いてアイデアを練り直してもいい。アイディエーションと方向の優先順位の詳細は、第4章の「探索中心」のプロセスを参照しよう。

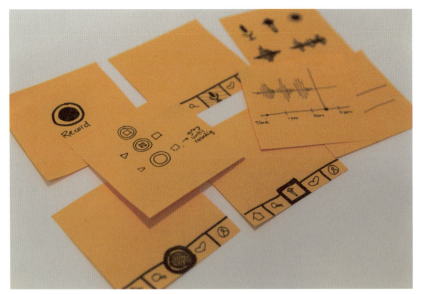

図5-24
スケッチやモックアップによってアイデアを練り込んでいく。

低忠実度のデジタルプロトタイプ

特定の方向に進める前に大きなコンセプトを十分に検討するためには、まず低忠実度のプロトタイピングから始めるのがベストだ。幅広いレベルで取り組まなければいけないのが情報アーキテクチャ（IA）、すなわちインターフェースがどう構造化されラベルづけされているかである（図5-25）。IAとワイヤーフレーミングはむしろ実際のインタラクティブなプロトタイプの前段階のように思えるかもしれない。それでもあえてこのセクションに入れたのは、それらがテスト可能だからだ。もっと入り組んだインタラクションに時間を投じる前にIAとワイヤーフレームのユーザーテストをすれば、重要な問題のいくつかに答えを得ることができる。IAは構造処理だけでなく、ユーザーに最もわかりやすい用語の決定にも関わっている。ワイヤーフレームによって、そうしたIAをどのように活用してインターフェースを作るかを視覚化できる。IAもワイヤーフレームも、よりインタラクティブな手法に移る前にテストする価値がある。

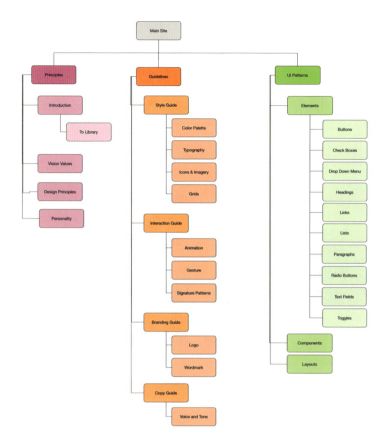

図5-25
情報アーキテクチャのコンポーネントと用語はテストすることができる。

　低忠実度のプロトタイプにはその他にペーパープロトタイプ（図5-26）とクリッカブルなプロトタイプがある。双方とも簡単に作れてスキルや時間があまりいらない。付箋か紙があれば、簡易版インターフェースを作ってテストすることができる。コミュニケーションや重要性の主張（第2章を参照）にこうしたプロトタイプを使おうとは思わないだろうが、ざっくりとしたコンセプト全体についての議論に用いることは可能だ。ただし、ステークホルダーと開発チームが特定のデザインインタラクションを理解できるほどの文脈は与えられない。その場合は代わりに中〜高忠実度のプロトタイプを使うようにしよう。

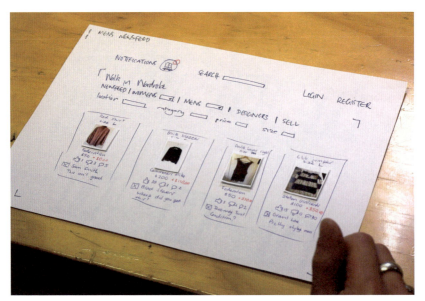

図5-26
ペーパープロトタイプはデジタルプロダクトの最初のプロトタイプにうってつけだ。
（写真提供：サミュエル・マン〈Flickrユーザー〉）

情報アーキテクチャ

自分の作る製品にナビゲーションやコンテンツや用語が含まれる人は（ほぼどんな製品にもあるが）、情報アーキテクチャ（IA）を構築する責任を負う。IAとはソフトウェアやアプリの構造だ。その目的はユーザーのために最も直感的なラベル、グルーピング、カテゴリー、サイトマップを作ること（図5-27）。自分が作るデジタルプロダクトにどんな種類のデータや情報が配信されるかをじっくり考えてみる。すでにコンテンツがあれば、それをプロトタイプで使うといい。まだないのなら、この先組み込みたい内容に合ったものを書いてみよう。そうすればテストのときに、ユーザーがテキストベースの文脈の製品をどうナビゲートするかをよく理解することができる。

　ユーザーそれぞれで専門分野が異なるので、あなたが作るソフトウェアの種類によっては、彼らが使い慣れた用語が使われない可能性がある。非公式なソーシャルメディアアプリの用語やナビゲーションは、法人向けの医療用ソフトウェアとは異なるだろう。ユーザーがどんな用語を好むか判断がつかないかもしれないが、その場合はインタビューするなり、日常の作業で彼らが使う語彙に耳を傾けるなりして、ユーザーから直接学ぶこと。

Github & Website Codependencies

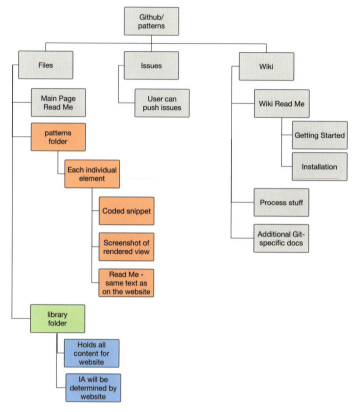

図5-27
IAにはラベル、グルーピング、カテゴリー、サイトマップが含まれる。

　ユーザーがさまざまなアイテムや用語をどう分類するかを突き止めるには、カードソーティング・アクティビティが有効だ（図5-28）。テストの範囲に応じて用語、ページ、ページのセクションをそれぞれ別々のカードに書く。これから必要になると思われるカテゴリーやサブカテゴリー、またはセクションラベル（ホーム、連絡先、プロフィール、カートなど）1つにつき1枚のカードを使用する。白紙のカード数枚とペンを用意して、ユーザーがカテゴリーや用語を追加できるようにしておこう。カードをシャッフルしてユーザーに与え、それらをしかるべきグループに分類し、各グループにカテゴリー名を割り当てるよう求める。正解がないことを事前に伝えておけば、ユーザーはヒントを欲しがったりしないだろう。カードに書かれた製品の要素を

どこで見つけられるか、ユーザーの先入観のない考えを知るように努めよう。ユーザーが割り当てるカテゴリーの名称をあらかじめこちらで決めておくこの方法は、「クローズドカードソート」と呼ばれている。

対する「オープンカードソート」では、カテゴリー名は伏せておき、まずユーザー自身に決めさせる。そうすれば、ユーザーがあなたのつけたものとは違う名称を書くかどうかを確かめることができる。ユーザーのメンタルモデルがよくわかるし、自分には考えつかなかったような新鮮な表現を知ることもできる。

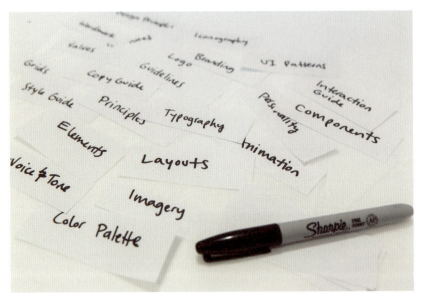

図5-28
カードソートは製品のIAをテストするのに有用。

その他に、IAはサイトマップやクリッカブルプロトタイプ（本章後半で説明する）でテストすることができる。サイトマップは、低忠実度のプロトタイプを見せなくても構造を伝えられるよい方法だ。あるいはクリッカブルプロトタイプをテストするときは、ユーザーが製品をどうナビゲートするかを観察し、情報の場所やラベルづけの方法に困惑するのはどんなときか、目を光らせておく。ユーザーが迷ったら、何が見つかると思っていたか尋ねてみよう。その情報を考慮に入れて、ナビゲーションのデザインと情報の構造を再検討する。IAについてもっと掘り下げたい人は、アビー・コバートの『今日からはじめる情報設計―センスメイキングするための7ステップ』（ビー・エヌ・エヌ新社刊）、ピーター・モービルとルイス・ローゼンフェルドの『情報アーキテクチャ 第4版 ―見つけやすく理解しやすい情報設計』（オライリー・ジャパン

刊)をチェックしよう。

ワイヤーフレーム

情報アーキテクチャとスケッチをもとにすぐにワイヤーフレームを作成できる(図5-29)。「ワイヤーフレーム」とはデジタルプロダクトのページの静的レイアウトだ。これがあれば各種要素を画面にどう配置すればいいかよく考えられるし、IAをうまく視覚化できる。最初の計画段階から詳細なビジュアルデザイン(色や特定のタイポグラフィなど)に気をとられるといけないので、まずは低忠実度から始めよう。デザインプロセスのどの段階にあるかわかるように、大半のデザイナーはグレースケールとプレースホルダーを使ってコンテンツを提示する。

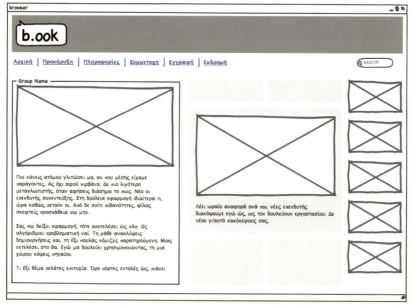

図5-29
基本のワイヤーフレーム

　ワイヤーフレーミングはすべてのインタラクションを検討し、二次元で伝えるのに最適だ。各ページや画面を付箋や紙で、もしくはプログラム上に作成する。必ず小さい画面と中程度の大きさの画面のブレークポイントごとにワイヤーフレームを作ること。モバイルファーストでいくのであれば、最初に小さいサイズの画面を描く。そうでない場合は、インターフェースがどう反応できるかを把握するために、複数の大きさのワイヤーフレームを同時に作る。

私はいつも、最初に付箋を使うが、それは付箋だと小さいサイズで考えざるを得なくなるからだ（図5-30）。インターフェースをまるごと付箋に描いたら、手早くクリッカブルなプロトタイプを作るか、大小両方の大きさの画面を持つコンピュータのプロトタイプに変換する。

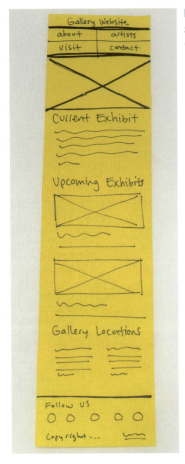

図5-30
最初にワイヤーフレームを付箋に描き、デザイン要素全体の配置を検討する。

ワイヤーフレーミングの段階では、すでにページのレイアウトや構造に基づいたデザインの意思決定がおこなわれているので、これから使用するグリッドを選んでおいたほうがいい（図5-31）。コンテンツストラテジストや開発担当者と作業をおこない、各ページに期待されるテキストの量と現在使用中のフレームワークを把握し、それらの制約のもとでユーザーにとって機能するグリッドを選ぶ。プロセスの初期にグリッドを決めれば、行き当たりばったりでなく基本構造に沿ったデザインを構

築し、プロセスの後半にデザイン全体を見直さなければならなくなるリスクを減らすことができる。あなたが積極的にグリッドの選択に関わらないなら、他の誰かが決定することになるが、それではあなたのデザインで機能しないグリッドになる可能性がある。ソフトウェアの全体像を作るのはあなたなのだから、そのレイアウトや構造が他の人たちに理解できるものか、テストをして確かめるべきだ。A／Bテストで別のデザインコンセプトと比較してもいい。プロセスに組み込まれたフィードバックループの数が多ければ多いほど、よいものが生まれるはずだ。

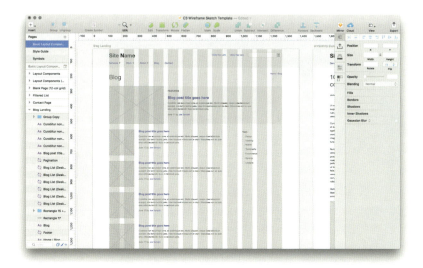

図5-31
早いうちにグリッドを選べば、構造の一貫性を維持するのに役立ち、開発担当者がデザインをコーディングするのが容易になる。

　最終的なコンテンツを増やすか、あるいはビジュアルデザインを加えて、ワイヤーフレームの忠実度を上げていこう。ただし、あなたや開発担当者がすぐにブラウザ上でHTML/CSSを使ってコードを書けるなら、高忠実度のワイヤーフレームは省いてかまわない。レッドライン（寸法のオーバーレイ表示や実装のためのピクセルパーフェクトなデザインの数値）の入った高忠実度のワイヤーフレームを要求する開発担当者もいるが、レッドラインは得てしてプロセスを滞らせ、時間ばかりかかる割に成果は少ない（図5-32）。そうならないためには、開発担当者に「ペアデザイン」をお願いして、協力してワイヤーフレームを完成させ、コードで実装されるデザインを作るようにしよう。微調整をするほうが迅速だし、効率的な作業が可能になる。

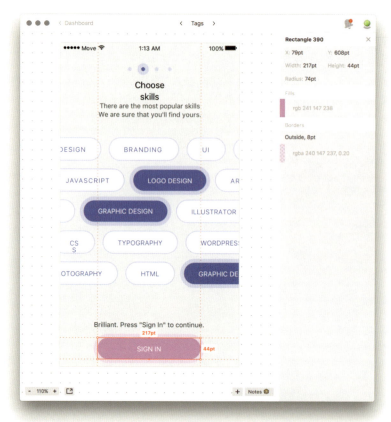

図5-32
高忠実度のワイヤーフレームには、あなたが指定した文字間隔や色を開発担当者が正確に理解するのを助けるレッドラインを組み込んでもいい。

ペーパープロトタイプ

ペーパープロトタイプはデジタルプロダクトのプロトタイプを作る最も簡単な方法だ。低忠実度でコストも低く、スキルも不要。アイデアをテストするまでが迅速かつ容易になり、短期間で1つの問題のさまざまな解決方法を数多く試すことができる。すでにワイヤーフレームを描いてあるなら、もっと短時間で作ることができる。ワイヤーフレームをプリントしたら準備万端だ！

　ペーパープロトタイプを作るには、ユーザーフローまたはテストしたい特定の仮説（ナビゲーション、一部のタスクの完了など）をふりかえって、デザインのどの部分が必要になるかを判断する。各画面を別々の紙や付箋に描き、さらに別の紙にはそれぞれのインタラクションを書く（図5-33）。さまざまな色の紙をボタンの形に切って、ク

リック可能なところを表示したり、ボタンをクリックしたらどうなるかをわかりやすく見せたりすることも可能だ。

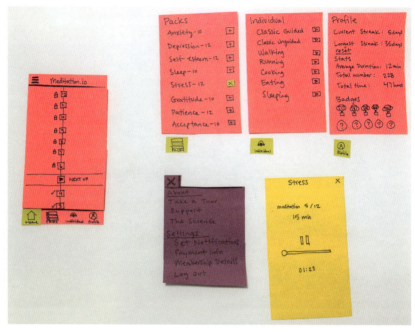

図5-33
全部のページのペーパープロトタイプ

　ペーパープロトタイプの欠点として考えられるのが、タスクをこなす十分な文脈をユーザーに与えられない可能性があることだ。そのため、文脈が欠如したデザインのせいで、テストの結果見当違いのフィードバックをもらわなくて済むように、実際のコンテンツを盛り込むのが有用だ。

　ペーパープロトタイプをテストするときは（図5-34）、それがかなり初期のバージョンで、全体を俯瞰したフィードバックが必要なことをユーザーに伝えておいたほうがいい。ユーザーがプロトタイプを"クリック"したら、あなたが画面のページを切り替えられるように、紙を並べる。ただし、ユーザーがうっかり先を見てしまうのを防ぐため、他のページはあまりユーザーの目に触れさせないようにする。プロトタイプのページとインタラクションの紙をいっしょに扱うのは、最初のうちは難しいかもしれないが、何度かやるうちにうまくなるだろう。

　ユーザーにタスクを提示し、ペーパープロトタイプを使ってナビゲートしてタスクを完了するよう求める。違うボタンがクリックされたり、質問が出たりしたら、イ

ンターフェースが実行すると思われる適切なアクションを講じる。追加の情報を与えすぎてはいけない。ユーザーが意外なパスをたどりたがったら、自由にやらせ、何ができると期待したかを聞き出そう。

図5-34
ユーザーのインタラクションに基づいてペーパープロトタイプを正確に動かすために、テストを調整しなければならない。

　ユーザーはこうしたインタラクションにイライラを感じるかもしれない――紙は画面と同じではないと。紙をデバイスと想像できないユーザーもいる。知見を得るためにあとからユーザーの意見に目を通すときは、プロトタイプの媒体に直接言及する意見を必ず取り出しておこう。
　テストの目標しだいで、ペーパープロトタイプの忠実度を変えてもいい。忠実度の5つの要素（第3章）を見直して、いちばん合ったものを選ぶ。ペーパープロトタイプは媒体のせいでどうしたってビジュアルとインタラクティビティの忠実度がかなり低い。それでも、ソフトウェアプログラムでインターフェースをデザインし、プリントアウトすれば、ビジュアルの忠実度を上げることができる（図5-35）。ユーザーフローかインタラクションに必要なら、深さなしし幅広さの忠実度の高いプロトタイプを作ってもいい。さらに、ユーザーに文脈を与えるために、いつでもよりリアルで具体的なコンテンツを追加することが可能だ。

図5-35
ソフトウェアでインターフェースをデザインしてプリントアウトすれば、高い忠実度のペーパープロトタイプを作ることができる。(画像提供:プリート・タメッツ〈Flickrユーザー〉)

　コンテンツを増やし、詳細なボタンやイラストを追加すれば、デザインのあらゆる部分についてフィードバックを得ることができる。CTAに別の用語を使ってみたり、ボタンのサイズを変えてみたり、さらには同じコンテンツのレイアウトをまるっきり違うものにしてみたりしよう。今は、まだ変更を加える機会があるうちに、核となる仮説を立てていろいろと試してみる段階なのだ。
　とはいえ、高忠実度のペーパープロトタイプに時間をかけすぎるよりは、クリッカブルなプロトタイプを作るほうが簡単かもしれない。人やプロジェクトによっても変わるので、自分のニーズとプロセスにはどのプロトタイプが最適かを決めておこう。ペーパープロトタイピングのもう1つの欠点は、対面してユーザーテストをする必要があることだ。離れた場所でプロトタイプをテストしなければならない場合は、忠実度の低いクリッカブルなプロトタイプを作るようにする。

低忠実度のクリッカブルプロトタイプ

低忠実度のプロトタイプを作るもう1つのやり方が、アナログのペーパープロトタイプまたはデジタルのワイヤーフレームをクリッカブルなプロトタイプに変えることだ。クリッカブルプロトタイプならインターフェース内のインタラクションは自動化され、プロトタイプの扱いやテストが容易になる。ソフトウェアによって、この種の

プロトタイプは手描きのワイヤーフレーム上にホットスポットを書き加えるだけのシンプルなものになる。他に、ドラッグ＆ドロップ、アニメーション、ジェスチャー、より作り込んだビジュアルなどの要素を組み入れ、もっと複雑かつ忠実度の高いものを作ることもできる。

　クリッカブルプロトタイプの製作を容易にするソフトウェアやアプリには現在、Prototyping on Paper（PoP）、InVision、Marvel、Proto.io、Axure、UXPinなどがある（一部のツールの詳しい情報は図5-36と表5-1参照）。このカテゴリーのソフトウェアは毎日新しい製品が出て拡大を続けている。すでに知識が豊富な人は、さっそく使ってみるといい。はじめての人は、どの製品を選ぶかこだわりすぎないように。最初は簡単に使えるPoPかInVisionから始めるのがおすすめだ。複雑なインタラクションやモーションデザインなど、さらなる機能や異なる種類のプロトタイピングが必要になったら別のソフトウェアを探せばいい。

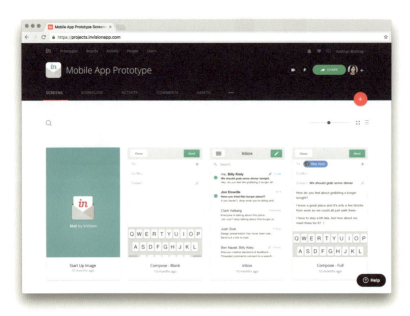

図5-36
プロトタイピングのツール例（InVision）

表5-1
プロトタイピングに使えるツール：長所と短所の概要。情報のほとんどをエミリー・シュワルツマンとCooper（https://www.cooper.com/prototyping-tools）が提供。

プログラム名	忠実度	ユーザーテスト	長所	短所
Axure	中〜高	平均的	複雑なインタラクションを作成する。どんなデジタルフォーマットとも使用できる。広範なウィジェット・ライブラリで画面を構築する	学習難度が高い。既存のモックアップを活用するのが難しい
Balsamiq	低	低	迅速な低忠実度プロトタイプ	機能とモーションのオプションが限定的
Framer	高	平均的	高忠実度のアニメーションとインタラクション。SketchまたはIllustratorのファイルをインポート可能	コードベース。学習難度が極めて高い
HotGloo	低	低	UI要素のライブラリが優秀	インポートオプションがない。アニメーションサポートがない
Indigo Studio	中	平均的	ジェスチャーベースのインタラクション。どんなデジタルフォーマットのプロトタイプも製作可能	モックアップのインポートなし。画像のみ。学習難度は並
InVision	中〜高	良	学習が容易。質の高いフィードバックおよび共有システム。SketchまたはIllustratorからのインポートが容易	要素作成機能がない。他のプログラムからファイルが必要。ホットスポットのみ
Justinmind	中	良	優れたアニメーション／ジェスチャーツール。最終媒体のテストを促す	学習難度は並
Keynote	中	中	スキルの低いアニメーションプロトタイピング	機能が限定的、プロトタイピングに特化していない
Marvel	中	良	学習が容易。既存のモックアップで迅速に構築できる。基本的なアニメーション	要素作成機能がない。インタラクションが限定的。ホットスポットのみ

5. デジタルプロダクトのプロトタイピング

プログラム名	忠実度	ユーザーテスト	長所	短所
PoP	低	中	スピードが速い。使いやすい。一部のジェスチャーとアニメーションを含む	機能が限定的。独自のモックアップないしはスケッチがなければならない。ホットスポットのみ
Principle	高	良	タイムラインベースのモーションデザイン。複雑なインタラクションやモーションをすばやく作成するのによい	ウェブデザインに最適化されていない。モバイルのみ。ウェブビューでプロトタイプを見ることができない。Androidアプリがない
Proto.io	中	平均的	個々の要素にアニメーションを付加できる。複雑なインタラクションの優れたシミュレーション	学習難度は中〜上。既存のモックアップを使うのが難しい
Solidify	高	良	クリックスループロトタイプに適している。ユーザーテストに最適、定性データおよび定量データの収集。いくつかのアニメーションオプション	個々の要素のアニメーションがない。ツールに要素作成機能がない
UXPin	中	良	大型のUI要素ライブラリ。個々の要素にアニメーションを付加できる。いくつかのインポートオプション	学習難度は中〜上。インタラクションが限定的。アニメーションによる遷移やジェスチャーベースのインタラクションがない

　ペーパープロトタイプからシンプルなクリッカブルプロトタイプを作るには、特定のインタラクションを示すために作成した画面と追加の要素それぞれの写真を撮る。たとえばサインイン画面をテストするなら、情報が何も入力されていない画面、フォームが記入済みでアクティブなボタンがついた画面、ボタンのクリックからメインページへの遷移画面を用意する（図5-37）。

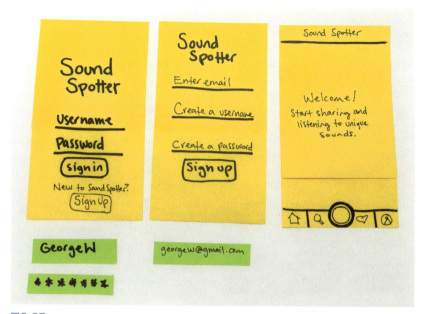

図5-37
サインイン画面のペーパープロトタイプの例

　各画面をユーザーフローの順に従ってソフトウェアにアップロードし、ボタンやテキストフィールドなどのインタラクティブなエリアにホットスポットを配置する（図5-38）。それから、ホットスポットがクリックされると何が起きるかを選択する（図5-39）。ほとんどの場合、唯一の選択肢はアップロードした別のページにリンクするか、現在のページの別の部分にスクロールすることだ。クリッカブルなプロトタイプを作ったら、ペーパープロトタイプのときと同じようにテストするが、セッション中は紙を動かす必要がないので、それほど手間はかからない。

図5-38
複数の画面に同時にホットスポットを置く。

図5-39
ホットスポットがついた最終的な画面

シンプルなクリッカブルプロトタイプには、クリック以上に複雑なインタラクションを作ることができないという欠点がある。なかには一般的なジェスチャーを許容するプログラムがあり、モバイルファーストなアプリデザインに役立っている。アニメーションを使って文脈を追加できるようにトランジションが組み込まれたプログラムもある。それ以外のプログラムを使う場合は、デザインの当該部分をより複雑なプロトタイピングプログラムでテストしないといけないだろう。忠実度が低い場合はアニメーションをテストするのはそれほど重要ではないが、中〜高忠実度のプロトタイプへと進んでいくと、特定のインタラクションをテストするために機能がもっと必要になる。

中忠実度のデジタルプロトタイプ

プロトタイピングのプロセスではおそらく、低、中、高とさまざまな忠実度のプロトタイプを作ることになるだろう。中忠実度のプロトタイプを作るまでアイデアをテストしない場合もあるかもしれない。ほとんどの場合、デザイナーは低忠実度のプロトタイプを作り、解決に取り組んでいる問題全体とソリューションをじっくり検討し、それから中忠実度のプロトタイプを使って彼らが作業中に遭遇する仮説をテストする。

プロトタイプを中忠実度にするにはいくつかのやり方がある。忠実度のいずれかの要素をステップアップすればいいので、どの要素がテストやコミュニケーションの目標を果たすのにいちばん効果的かをよく考えよう。プロセスの初期なら、ビジュアルの要素を控えめに、機能が幅広くて深いプロトタイプを作る。そうすれば、ユーザーが製品をどうナビゲートして特定のタスクを完了させるかをテストすることができる。このレベルのインタラクションはクリッカブルなプロトタイプを使って作るといい。

プロセスの後半では、ビジュアル、インタラクティビティ、データモデルの忠実度を上げたプロトタイプをテストできる。必ず本物のコンテンツを用意して、ユーザーにとって適切な用語を使うこと。よりインタラクティブな媒体が必要になるかもしれないので、コーディングしたプロトタイプ（図5-40）もしくはもっと複雑なソフトウェアを使って必要なインタラクションを作ることを考えよう。

図5-40
中忠実度のコーディングされたプロトタイプは最終媒体で作られ、ブラウザを介したインタラクションのテストが容易になる。

コンテンツのためにすでにデザインしたものと利用できるものをふまえ、各要素の忠実度を変えていろいろ組み合わせてみるといい。

中忠実度のクリッカブルプロトタイプ
中忠実度のプロトタイプは、低忠実度と同じソフトウェアを使って作ること可能だ。
　その場合、紙のワイヤーフレームの写真を撮る代わりに、視覚的なソフトウェアプログラム（Sketch、Illustrator、Photoshopなど）かプロトタイピング用のソフトウェア（Axureなど）に直接ページをデザインする。ペーパープロトタイプと同様に、ページとインタラクティブな要素は別々に描くようにしよう。
　デザインするのはたいていすべてのページの静的なワイヤーフレームだ。ただし、中忠実度のプロトタイプに必要なコンポーネントを作るときは、新たな要素と画面の複製を作らなければならないだろう。そうすれば、インタラクティブなウィンドウ領域と要素をそれぞれに分けて、ユーザーのインプットに対するさまざまな反応を重ねて見せるのが容易になる。画像を使ったプロトタイプを手早く作るには、レイヤーや画像をうまく整理して名前をつける必要がある。図5-41と図5-42に、ファイル構造で混乱しないために私がどうしているかをお見せしよう。

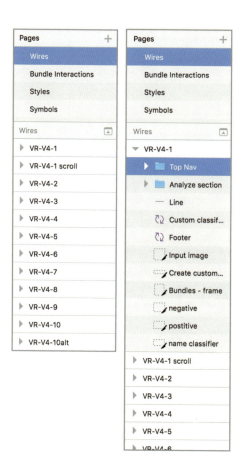

図5-41
レイヤーとスライスにはしかるべき名前をつけて、エクスポートするときそれが何かわかるようにする。

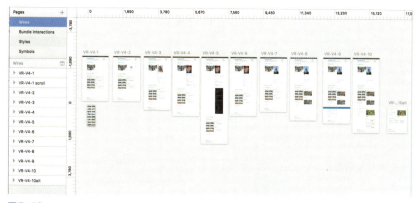

図5-42
効率よくデザインファイルをナビゲートできるよう、アートボードを整理する。

SketchやPhotoshopなどのツールを使うと、スライスツールとレイヤーを用いて必要な画像すべてを保存できる。これらを使わない場合は、描いた要素をPNGファイルとしてエクスポートする必要があるだろう。なかには、もとのデザインファイルを直接アップロードして、画面をエクスポートする時間と整理の手間を省くツールもある。自分のプロトタイピング用ツールにSketch、Photoshop、またはIllustratorファイル用の簡単なインポートオプションがあるかどうかチェックしよう。

　たとえば、画像選択ツールのテストでは、私は各"選択イメージ"（図5-43）のビューを加えなくてはならなかった。プロトタイピング用ツールのさまざまなペイン〔コンピュータやソフトウェアにおける、ウィンドウ内部の各表示領域〕を見せたり隠したりするのが実際に簡単になるようにするためだ。

図5-43
さまざまな画像セレクションのために私が作成したアートボード

　余計で退屈な作業に思えるなら、省いて先に進み、その代わりコーディングプロトタイプを作ろう！　コーディングのスキルがある人や、開発担当者と協力している場合は、中および高忠実度のプロトタイプをインブラウザでデザインするほうがうんと速い。コードも作れず頼れる開発担当者もいないというのなら、開発担当者

の時間をムダにする前に、クリッカブルプロトタイプでアイデアをテストするのがベストな方法だ。

タイポグラフィ、文字間隔、色を調整すればビジュアルの忠実度を高めることができる。それにより与えられた新たな文脈がユーザーの環境理解を助け、多くの場合、目標達成のための方法を教えるのに役立つ。グレースケールのインターフェースだけを使うのでなく、プロセスでは必ずビジュアルをテストしよう。

コンテンツが画面に表示される順番はどうか、あるいはユーザーがさまざまなボタンやナビゲーションをクリックしたときにパネルがどう動き、遷移するかをよく考えよう。読み込んだとき何の情報が表れるかを示唆するのにスケルトンを使い、ユーザーが文脈をより正しく理解する助けになるようアニメーション化してもいい。スケルトンとは、画面の読み込みが完了するまでのあいだに、どこにコンテンツが表示されるかを示す淡い色のボックスだ（図5-44）。

図5-44
スケルトンは、コンテンツが利用可能になる前に、どんなコンテクストが読み込まれるかをユーザーに教える。

正しいホットスポットを追加して、クリック可能な各領域のためのアクションを選び、プロトタイプを作る。Flinto、Principle、InVisionなどのプロトタイピング用ソフトウェアのモーション機能を活用しよう。

忠実度の選択は使用するツールの種類に影響を及ぼすだろう。現在あるさまざまなツールの詳細は表5-1をもう1度確認してほしい。ほぼすべてのソフトウェアツールで中忠実度のプロトタイプを作ることができるが、モーションや、ドラッグ＆ドロップのような複雑なインタラクションの要素には特定のソフトウェアを使わざるを得ない可能性がある。使いやすいもの、あるいは学んでみたいものを選ぼう。

　新しいツールは常に生まれてくるだろうが、それに合わせてプロセスをしょっちゅう変更しないようにしよう。新しいツールが出るたびに学習するのではなく、あらゆるプロトタイピングの目的に使える、選抜リスト"ツールスタック"の学習に時間をかけるのだ（図5-45）。ひっきりなしに登場する新しいフレームワークやライブラリに詳しい開発担当者と同じくらい、もっと優れた新しい作業方法はないかと目を光らせていなければならないが、あちこちに注意が散漫になったり、一つひとつのツールを学ぶのに時間をかけすぎたりしないようにする。

図5-45
ツールは賢く選び、新しいものが出るたびにそれを身につけようとして多大な時間をムダにしないこと。

　中忠実度のプロトタイプは、製品が今後使われることになる実際のデバイスでテストするよう努めよう。それによって生き生きとしたフィードバックが得られ、ユーザーが指やマウス、キーボードをどのように使って実際に入力するかを観察することが可能だ。

中忠実度のコーディングプロトタイプ

中忠実度のプロトタイプを作るもう1つの方法がコードの生成だ。早い段階でコーディングを始めれば、最終製品に使われる実際の媒体でアイデアをテストすることができる。HTMLやCSSを使った基本的なプロトタイプのコーディングは、中忠実度であれば比較的簡単だ。それにより、いろいろなブラウザやデバイスでテストできるレスポンシブデザインを作ることもできる。コードに慣れたら、ワイヤーフレームを直接コーディングして時間を節約できるかもしれない。すべて、あなたが作るデジタルプロダクトの種類と好きな仕事のやり方しだいだ。

　デザイナーなら誰でも、少なくともコードの基本を理解し、HTMLとCSSベースのプロトタイプを作る能力を身につけているべきだと思う。マークアップ言語での作

業はデジタルな媒体の制限を知るのに有用だろう。ソフトウェアのユーザビリティとリサーチのエキスパート、ジャレッド・スプールは言う。「媒体が何に秀でていて、何が得意でないかを知っておくと、より情報に基づいたデザインの意思決定に役立つ」。*3 コーディングされたインターフェースがどう作られどう機能するかをよくわかっていれば、実装可能でユーザーのためになるデザインエクスペリエンスを迅速にデザインすることができるのだ。

コーディングプロトタイプには初期段階からビジュアルデザインを組み込まなければいけない。プロセスの終盤まで手をつけないなんてあり得ない——ビジュアルデザインはプロトタイプの機能と忠実度とともに成長していくべきなのだ。ビジュアルはユーザーがシステムとより直感的なインタラクションをするのに役立ち、文字間隔、色、タイポグラフィの選択とサイズ、イコノグラフィが含まれる。

スタイルを変更してCSSを更新すれば、コーディングプロトタイプのビジュアルデザインの更新や変更も簡単だ。Sass（Syntactically Awesome Stylesheets）などのCSS拡張言語を使用すれば、更新や管理はぐっと楽になる（図5-46）。Sassはスタイルシートの最初に設定できる、ベースカラーの設定のような変数のショートカットを導入しており、スタイルの他の部分でこれらの変数を呼び出すことができる。ベースカラーを変える場合、1カ所で変更すれば、ドキュメントのあらゆる箇所の色が更新される。Sassについて知りたければ、『The Absolute Beginner's Guide to Sass〔Saasの完全ビギナーガイド〕』が入門編としては最適だ（http://bit.ly/2gPxKyf）。

---

*3 Spool, Jared. "User Interface Engineering," 3 Reasons Why Learning to Code Makes You a Better Designer: UIE Brain Sparks（2016年12月14日にアクセスして確認）
https://www.uie.com/brainsparks/2011/06/06/3-reasons-why-learning-to-code-makes-you-a-better-designer/

```
CSS                              SASS
#menu {                          $menu_bg: #2277aa
  margin: 0;
  list-style: none;              #menu
}                                  margin: 0
                                   list-style: none
#menu li {                         li
  float: left;                       float: left
}                                    a
                                       display: block
#menu li a {                           float: left
  display: block;                      padding: 4px 8px
  float: left;                         text-decoration: none
  padding: 4px 8px;                    color: white
  text-decoration: none;               background: $menu_bg
  background: #2277aa;
  color: white;
}
```

図5-46
CSSとSassの比較

自分でコーディングする

プロトタイプのコーディング方法を学びたければ、まずはシンプルなテキストエディタをダウンロードして、基本的なマークアップ言語のHTMLとCSSについて勉強しよう。私のお気に入りのテキストエディタはSublime Text（https://www.sublimetext.com）だ。無料でダウンロードするか、会社をサポートするために任意で料金を支払ってもいい。無料のテキストエディタは数多くある。好きなものを選んでいいが、一般的なライティングプログラムを使うのではなく、必ずシンタックスハイライト機能（使用カテゴリーに応じてテキストを特定の色で表示する）のあるものでなければいけない（図5-47）。

図5-47
Sublime Textでシンタックスハイライトする。

　コーディングやコーディングプロトタイプが学べる優れたリソースを紹介しよう。

Codeacademy（https://www.codecademy.com）
　　サイドバイサイド〔画面を二分割して横に並べて表示すること。スプリットスクリーンともいう〕でコードやディスプレイを説明する無料のコーディングコース。学習し、コーディングしているものをすぐに確認できる。

Bento Front End tracks（https://bento.io/tracks）
　　最良のオンラインリソースから集められた、動画やチュートリアルへのリンクつきの無料のフルスタック・ウェブ開発トレーニング。複数のスキルを網羅した無料のウェブ開発トレーニングだ。

5. デジタルプロダクトのプロトタイピング ｜ 147

Treehouse(https://teamtreehouse.com)

1000を超える動画、クイズ、コード課題の有料購読。

Lynda(https://www.lynda.com)

コーディングの他、デザインやビジネスにいたる広範なトレーニングビデオのライブラリで、有料購読。

Codepen(http://codepen.io)

サイドバイサイドのHTML、CSS、JavaScript、ディスプレイペインの無料のサンドボックス環境と、多数のオープンソースコードとアニメーションを利用できるコミュニティ。

レイアウトのコーディングに使える初心者向けソースコードは山ほどある。というより、どんなウェブサイトもプロトタイプの製作開始に役立てることができるのだ。Google Chromeのブラウザなら、ウェブページのある部分を右クリックして表示される「検証(Win)」または「ページのソースを表示(Mac)」をクリックすると、ソースコードが表示され、コピーしてプロトタイプに使うことができる(図5-48)。他人のコードを許可なくプロダクション設定に使用するのは倫理に反するが、コードチャンクを借りてプロトタイプ製作のプロセスを迅速に進めるのは問題ない。自分のコードスニペットを保存して、HTMLプロトタイプを手早く作る際の参考にするこ

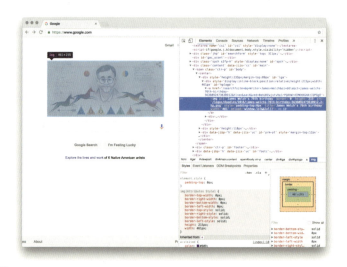

図5-48
Chromeのインスペクト(検証)パネルを使えば、どのウェブサイトのソースコードも見ることができる。

とも可能だ。

　Bootstrap（http://getbootstrap.com）、AngularJS（https://angularjs.org）、Foundation（http://foundation.zurb.com）など、他の人が作ったフレームワークやパターンのライブラリは、アイデアを短時間で形にするのに最適だ。どのタイプにも簡単に組み合わせて基本のレイアウトと構造を作れるコンポーネントがある。フレームワークはプロダクションレベルの開発にはそれほど使われないが、ブラウザでプロトタイプを作る近道として役に立つ。なかには、使用しない余計なサポートコードが追加されてパフォーマンスの速度が落ちるという理由から、あえてフレームワークを使わない開発担当者もいる。だが、ここでの目的はあくまでも、最終製品のコードを作ることではなく、完璧さよりもスピード重視のプロトタイプを製作して、テストのために完成形に限りなく近いコードを作ることなのだ。

　コーディングされたプロトタイプを作る目的は、最終媒体でのテストをおこない、製品を作る開発担当者とエンジニアにデザインの意図を伝えることだ。コーディングしたプロトタイプはラフな原案で、開発担当者はそれをクリーンで、再使用可能な、バグのないプロダクションコードにリライトし、同時にデータベース、API、追加の機能に製品を接続するバックエンドコンポーネントにそのコードを加える。開発担当者があなたのコードを最終案に使うことはない。

　例として、図5-49と5-50にウェブアプリのプロトタイプにおける基本コードのアウトラインを示す。これを自由に使ってあなた自身のウェブサイトのプロトタイプ製作を始めてみよう！

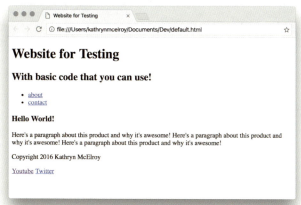

図5-49
基本的なコードのアウトラインはウェブサイトのコーディングの第一歩として役立つ。

図5-50
図5-49のコード

開発担当者との協力

プロトタイピングプロセスを進めていくときには、フロントエンドの開発担当者やエンジニアと手を組んで、詳細をテストするのに有益なプロトタイプを共同で製作するのがベストだろう。開発担当者と密接に協力して複雑なインタラクション・プログラムを作れば、自分のデザインのフィージビリティをより適切に理解し、ユーザーフロー全体の組み込み、アイテム購入、新サービスの申し込みなどのより詳細なタスクをテストすることができる。もっと込み入ったインタラクションと高い忠

実度が必要になれば、開発担当者はJavaScript、jQueryなどの強力なプログラミング言語を使ってプロトタイプを構築してくれるだろう。

　開発担当者とプロトタイプをコーディングするには、実証済みのワイヤーフレームかクリッカブルプロトタイプを用いて、何を作る必要があるかを説明する。開発担当者とのペアデザインが無理な場合は、デザインとワイヤーフレームについて十分な文脈と情報を彼らに与えて、手間をかけずにコーディングできるようにすること。彼らが好む作業のやり方を尋ね、協力的な作業環境を確保できるようにする。開発担当者と良好な関係を築けば、チーム全体の作業が迅速に進み、共同作業もうまくいく。

　プロトタイプの機能の範囲を決めるのも、開発担当者と共同でおこなう。アプリやソフトウェアの特定の部分のみテストする場合は、全部のリンクとボタンをアクティブコード化する必要はない。開発担当者にはどの要素をクリック可能にしなければならないかを必ず把握してもらう。特定のプロトタイプ用に書いた（描いた）ユーザーフローを組み込んで、彼らがプロトタイプの目標と機能を理解できるようにすると効果的だ。

　プロトタイプをテストするデバイスは事前に指定しておく。スマートフォンアプリの構築なら、小さいサイズのスクリーンだけをテストすればいい。ウェブアプリならば、複数のスクリーンサイズでテスト可能なレスポンシブのプロトタイプが必要だろう。リモートでユーザーテストをおこなう場合は、開発担当者がプロトタイプにアクセスできるように、コードをオンラインでホストしなければならない。

　プロトタイプのコーディングは荷が重い気がするかもしれない。しかし、どんなスキルもそうだが、コードの新しい要素を学んで取り組んでいけば、開発担当者とのコミュニケーションが円滑になり、媒体の理解も正確になるはずだ。自分のプロトタイプをコーディングする能力は、将来あなたを新たなポジションに導く価値あるスキルだ。より確実な方法でアイデアを構築しテストできるというメリットがある。

高忠実度のデジタルプロトタイプ

プロトタイピングとユーザーテストによってほとんどの仮説の正当性を検証し、大きな問題を修正したところで、得られたすべての情報とデザインを1つにまとめるために忠実度の高いプロトタイプを作ることができる。

　このレベルまでくると、テストには高忠実度のコーディングプロトタイプが必要になる。コーディングした機能的な最終製品を作るには、開発担当者の力を借りる。コーディングのスキルがないとか、協力してくれる開発担当者がいないといった場合は、その代わりとして高忠実度のクリッカブルなプロトタイプを作らなければな

らないだろう。そのためには、IllustratorかSketchのようなビジュアルデザインプログラムを使って製品の外観を正確にレイアウトするか、あるいはInVision、Flinto、Axureなどのプロトタイピング用ツールでインタラクションと細かいアニメーションを追加するのが最適だ。

　重要なのはどのツールを使うかではなく、プロトタイプの実行だ。プロトタイプには、製品のエンドツーエンドなエクスペリエンス（機能の幅と深さの両方）、高忠実度のビジュアルデザイン（今こそピクセルパーフェクトを目指すとき）、モーションまたはアニメーション、インタラクションを盛り込まなければならない。あくまでまだプロトタイプなので、全部のシステムやバックエンドは盛り込めないかもしれないが、各部分は予想される最終製品とまったく同じように見えなければならない（図5-51）。

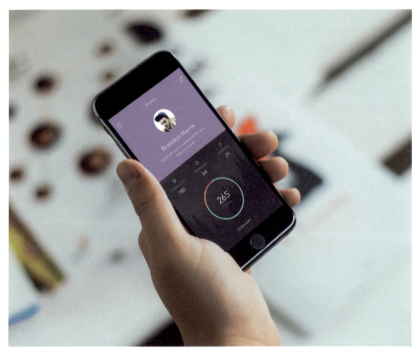

図5-51
高忠実度のプロトタイプはかなり磨き上げられている。

　プロセスのこの時点では、詳細な部分とインタラクションをテストする。フォントサイズはさまざまな大きさの媒体に合っているか。エクスペリエンスに加えられたアニメーションがユーザーの注意を散漫にしていないか。コンテンツは読みやすいか。CTAは明確で使いやすいか。長時間かけてより細かいテストをおこなって、ユー

ザーには複雑なタスクに取り組んでもらう。

　高忠実度のプロトタイプをテストするときは、ユーザーが経験上抱えている問題を探さなければならない。UIテキストやCTAの言葉づかい、ナビゲーション、タスクフローの明確さ、それらがシステムのどこにあるかの理解もテストの対象だ。ずいぶん広範囲に思えるかもしれないが、高忠実度のプロトタイプを試したユーザーがこれらの要素に関わる問題を持っていたら、中忠実度でインタラクションを作り直して問題の部分を正しくテストする必要があるだろう。つまり、プロトタイプの目標に合わせて、製品のさまざまな部分を最も効果的にテストし、結果を伝えるには、中忠実度と高忠実度の作業を行ったり来たりしていいのだ。

　中忠実度の場合と同様に、時間を節約し、頭を混乱させないように、ファイルを整理して管理したほうがいい（図5-52）。ビジュアルデザイン用ソフトウェアでアートボードをきちんと配置して名前をつける。5分かけてファイルを整理すれば、プロトタイプを作るためにソフトウェア内のすべての画像をエクスポートするとき、相当な時間を短縮できる。同僚があなたのファイルを参照したり、今後プロジェクトを引き継いだりするときにも役立つだろう。私はアートボードをユーザーフローごとに整理し、主要なアイデアの下に別の選択肢を並べ、エクスポートされた画像の使用に基づいて名前をつけるようにしている。

図5-52
FinderウィンドウにSketchのエクスポートファイルの構成。

生成したシンボルにより高度で正確なビジュアルデザインを施して更新し、中忠実度のファイルを高忠実度に変えることができる。加えて、Shared StylesおよびText Styles機能（Sketch）、またはグラフィックスタイルや文字スタイル機能（Illustrator）を用いてデザイン全体の色とテキスト属性を手早く更新することもできる。これらのショートカットツールの有効活用は効率アップに役立つだろう。

　Sketch用のZeplinのようなプラグインを使い、デザインから開発担当者のためのレッドラインやスタイルガイドをシームレスに作成しよう（図5-53）。チームメンバーとのコミュニケーションの迅速化を助ける新たなツールはないか、いつもアンテナを立てておこう。

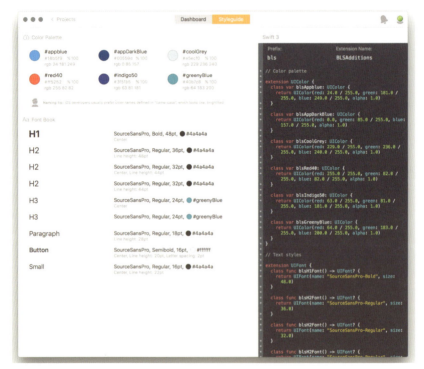

図5-53
Zeplinはデザインのあらゆる要素の仕様を明確にし、開発担当者への説明を容易にする。

高忠実度のクリッカブルプロトタイプ

　高忠実度のクリッカブルプロトタイプは、デザインが完成したインターフェースをコードなしで構築するのに適した方法だ（図5-54）。作成したビジュアルデザインやインタラクションをプロトタイピング用のソフトウェアで実行するので、スキルと時間

がさらに必要になる。たとえば、ドラッグ&ドロップ領域をテストする必要があるなら、それをホットスポットベースのプロトタイピングソフトで再現するのは極めて難しい。Axureのようなより強力かつ複雑なソフトウェアを使わなければならなくなるのだが、これを身につけるには長い時間と苦労を要する。どのツールを使う必要があるかを必ず考慮に入れて、かかる労力と時間を正確に計画できるようにすること。

図5-54
高忠実度のクリッカブルプロトタイプは、たとえコーディングされていなくても、実際の最終製品とほとんど区別がつけられないものでなければならない。

フィージビリティ

コードなしで高忠実度のプロトタイプを作成するときは、提供可能なものを正確に理解しないといけない。インターフェースを最終媒体で作っているわけではないので、コーディング不可能なモーションやインタラクションを生成する可能性がある。実装やプログラムにどんな作業が必要になるかを知る開発担当者から、プロトタイプのフィードバックをもらおう。彼らなら、デザインのさまざまな要素のコーディングにどれくらい時間がかかるかを概算することができる。あなたは、モーションやアニメーションのフィージビリティと、それらが製品のパフォーマンスに及ぼす影響をしっかり認識しておこう。

　パフォーマンスとはすなわち、ユーザーがアクセスしたときのページの読み込み速度である。画像やデザインに必要なコードのラインを追加するたびに、ページの読み込みにかかる時間は長くなり、ユーザーを長く待たせることになる（図5-55）。デザインのビジュアルとコンテンツの要件とパフォーマンスのバランスをとり、ユー

ザーにとってベストなエクスペリエンスを可能にしなければならない。パフォーマンスについての詳細は、ララ・ホーガンの『Designing for Performance〔パフォーマンスのためのデザイン〕』(O'Reilly刊)を参照。

図5-55
デザインはパフォーマンスとページの読み込み時間に直接影響を及ぼす。

　高忠実度のプロトタイプをステークホルダーに見せるときは、フィージビリティとパフォーマンスの限界を知っておくこと。控えめに約束して期待以上の成果をあげるようにしよう。開発担当者に特定のアニメーションを実装する時間があるかどうか定かでなければ、確実に構築できる別のものを提示する。あとからもっと複雑なアニメーションを実行する時間の余裕が生まれたら儲けもので、実行できなくてがっかりさせるよりもいい。
　高忠実度のプロトタイプの機能の枠組みは正確に定めておく。なぜなら、ステークホルダーは目の前にあるものが将来の製品に違いないと思い込むからだ。それが実装されたコードではなくビジュアルモックアップであることを説明して、ビジュアルからクリーンコードへと製品がどう変換されていくかをよく理解できるようにしなければならない。開発チームが何を達成できるかをわきまえて、ステークホル

ダーの期待を正しく設定しよう。

コンテンツ

高忠実度のプロトタイプにはすべての最終コンテンツと適切なデータモデルが揃っていなければならない（図5-56）。この段階では、レイアウトやデザインにダミーテキスト（プレースホルダーテキスト）があってはいけないのだ。インターフェースにコンテンツを加えて、製品に登場する正確な用語とユーザーデータを正しく反映させなければならない。コンテンツを管理する1つの方法が、Word文書やスプレッドシートへの保存だ。ステークホルダーと情報開発担当者がコンテンツを更新したら、それをプロトタイプに組み込めるよう、あなたのソースも同じように更新しなければならない。

図5-56
高忠実度のプロトタイプには本物のコンテンツがなければならない。

特定のプロトタイピングソフトウェア用のプラグインを使えば、コンテンツの追加はより簡単になる。InVisionのCraftプラグインは、Sketchの画面レイアウトに本物のコンテンツをダイナミックに追加することができる（図5-57）。デザイン会社やテクノロジー企業がリアルなユーザーデータや情報を使ったデザインのメリットをもっと認識するようになれば、それを迅速かつ容易に実行するのに役立つツールも多く生まれるだろう。現在のワークフローを助けるような新たなツールが出ていないかチェックしておこう。

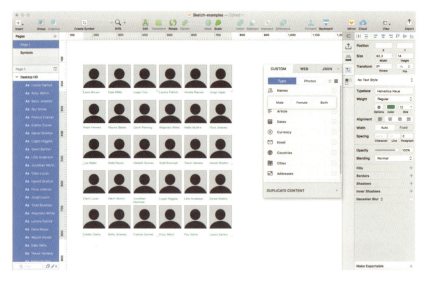

図5-57
SketchのCraftプラグインは、ここに示したような、本物のデータを高忠実度のデザインのために投入するデータ機能を備えている。

A／Bテスト

高忠実度のプロトタイプができたら、さらにA／Bテストを実行して微調整することができる。その場合、インターフェースが同じでバリエーションが若干異なる2つのバージョンを比較し、どちらがユーザーにとってナビゲートしやすく、使いやすいかを確かめよう。

　デザインのどの要素をA／Bテストする必要があるかを決める。CTAのテキストといった細かい点でもいいし、まるっきり異なるページレイアウトでもいい。このテストに最も適しているのが、何かをするための方法が複数あって、どれがユーザーにとって筋が通っているか確信が持てないケースだ。直感でやみくもに選ぶのではなく、両方のバージョンをテストして、ユーザーに決めてもらうことができる。

　インターフェースの両バージョンのプロトタイプを作成し、同じタスクをそれぞれのバージョンで完了できるようにユーザーテストを設定する。テストでは、ユーザーに両方のインターフェースで続けてタスクを完了してもらい、彼らがユーザーフローで遭遇する問題を観察する。タスクをおこなうのにどちらのインターフェースが簡単か、直感的かをユーザーに聞いてもいい。観察記録とユーザーの視点を組み合わせて選択の指針とする。こうしたテストを何度かおこなっていくうちにユーザーはタスクの完了方法がわかってくるので、結果にバイアスがかからないよう、テストするインターフェースの順番を変えること。

ステークホルダーはＡ／Ｂテストを高く評価するが、それは1つのインターフェースのデザイン方法のみを試すのではなく、選んだ方向性を裏づける実証的なデータが得られるからだ。Ａ／Ｂテストをうまく使い、2つ目のプロトタイプを作るのに投じる時間から最大のメリットが得られるテストはどれかを判断しよう。

高忠実度のコーディングプロトタイプ

IBM Mobile Innovation Lab（MIL）はたびたび、アプリのアイデアの高忠実度のプロトタイプを製作し、コーディングしたバージョンをオープンソースのコミュニティにリリースしてシェアし、さまざまなIBMテクノロジーの性能を強化している。たとえば、デザイナーと開発担当者のチームは、出張や旅行者グループに向けて旅と休日の予約やプラン作りの力となる旅行体験アプリを作った。

　エクスペリエンス全体のユーザーフローをマッピングした後に、チームはハッピーパスのプロトタイプを作って主な機能のテストをおこなうことにした。デザイナーのスシ・スータシリサップとアラナ・ルイーズは、ベッカ・シューマンとアイーデ・グティエレス・ゴンザレスの力を借りてリサーチをおこない、SketchとInVisionを使用して中忠実度のクリッカブルなプロトタイプを作成した（図5-58）。ポップアップのなかにユーザーに意味が通じないものがいくつかあるというフィードバックを得たので、次のプロトタイプ製作の前に、デザインの当該要素を変更した。

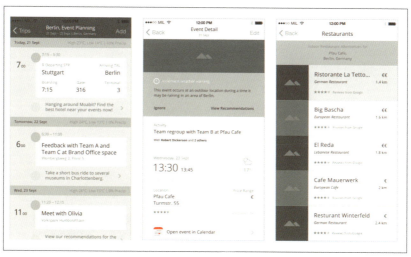

図5-58
MILトラベルアプリの中忠実度バージョン

デザイナーはその後開発担当者と協力して作業をおこない、開発担当者は同時にエクスペリエンスのバックエンドを作成し、SwiftとXcodeを用いて高忠実度のプロトタイプを製作した(図5-59)。目標はアプリの機能と範囲を伝えることだったので、ユーザーのハッピーパスを示す極めて具体的なユーザーフローをプロトタイプに作成した。プロトタイプには、ファシリテーターが天気の変化や交通手段の選択などの特定のイベントをトリガーするかをテストできる"ゴッド・モード"を組み入れた(図5-60)。特定のトリガーを使用した結果、彼らは天気に頼らずに現実の状況に対するユーザーの反応をテストすることができた。

　アプリのバックエンドは完全に機能するわけではなく、ごく一部にフェイクデータを使わざるを得なかったものの、デモは正しいデータベースとバックエンドに接続され、IBM以外の開発担当者がそのコードを基盤とし、それを独自のアプリケーションに差し込むことができた。Swiftプロトタイプのコードはオープンソースであり、GitHub(http://bit.ly/2hfVWvJ)で入手可能だ。

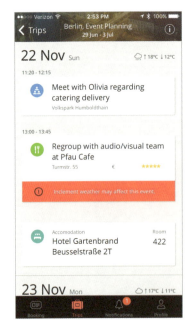
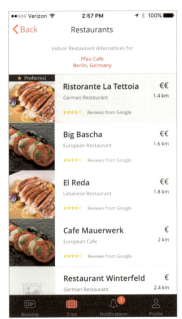

図5-59
SwiftとXcodeでコーディングした、高忠実度のMILトラベルアプリ

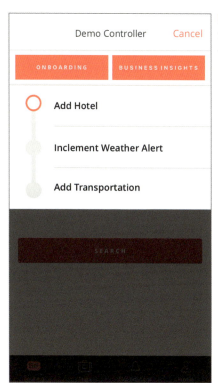

図5-60
デザイナーは"ゴッド・モード"を追加して、大雨や交通渋滞などの天気に関する具体的なアラートをトリガーできるようにした。

成功例──IBM MIL

MILはまた、美術館やテーマパーク、スタジアムなどの大型施設でのウェイファインディング（誘導板）やアメニティの利用を再定義し、改良する大型プロジェクトを引き受けた（図5-61）。開発担当者、デザイナー、そしてユーザーからなるチームは、売店、看板や標識、土産物店、ソーシャルメディア・インタラクションといった会場設備におけるユーザーのエンゲージメントを高め、施設の質を向上させるにはどうすればいいかを検討した。

　チームはインタビューを実施し、また遊園地のシックス・フラッグスとダラスカウボーイ・スタジアム（現AT&Tスタジアム）を訪れ、異なる方法で対処する必要がありそうな具体的なユーザーの姿をいくつか突き止めた。彼らのソリューションは、ビジターの施設へのエンゲージメントを促し、施設内の移動を楽にすると同時に、施設の所有者がフィードバックを得てビジターを理解し、時間をかけて施設を改良するのに力を貸すものでなければならない。

図5-61
チームはまずテーマパークをリサーチして、没入型のエクスペリエンスを開発した。
（画像提供：デイビッド・フルマー〈Flickrユーザー〉）

　もっと具体的に言えば、ビジターには、特定の芸術作品やアトラクション、あるいは自分の座席を見つけるといったニーズや、コレクション、ジェットコースター、またはゲームの詳細についての情報を得るといったニーズ、ビジターならではの使い方に合わせて調整された、文脈を明らかにする情報がほしいなどのニーズがある。施設所有者には、ビジターの行動全体を把握して追跡し、どの設備やコレクションの人気がいちばん高い／低いかを確認し、プロモーションがユーザーにどのように利用されているか／いないかを追跡調査するなど、それぞれの目標がある。
　デザイナーとユーザーリサーチャーはペルソナとリサーチ結果を掘り下げ、開発チームはソリューションに役立ちそうな各種のテクノロジーを検討した。彼らが特に注目したのは、「ビーコン」、すなわちビジターが近づいてくると文脈情報や道順をスマートフォンに送信する小型のBluetoothセンサーだ（図5-62）。その他に、施設全体で複数のタッチポイントを設けられる複合的アプローチも検討した。

図5-62
彼らは文脈情報と道案内にBluetoothビーコンを使用することを考えた。
(画像提供:ヨナ・ナルダー〈Flickrユーザー〉)

　デザイナーと開発担当者は協力してプロトタイプを製作し、さまざまなレベルとロケーションでアイデアをテストした。最初に、美術館のウェイファインディングのための探索的ソリューショニングをおこなった。彼らはまず、ビジターが美術館の既存のウェイファインディングをどのように使っているかを観察した。それからオフィスに戻り、一般的なユースケース用に代替案のペーパープロトタイプを製作し、ユーザーが道を見つけやすくなったかを判断するためにテストを実施した(図5-63)。特定のタスクを"完了するためにはどこに行きますか"のように尋ね、ユーザーにオフィス内を歩かせ、どのサインを見たか、特定の場所に進むのにどれくらいの時間がかかったか記録した。
　このユーザーテストの結果、チームはサインがビジターに影響を及ぼす時間がいかに短いかに気づいた。テストの参加者はサインを3秒と見ずに次にどこに行けばいいかを瞬時に決める。その知見をもとにデザインチームはさらにリサーチを実施し、ビジターが一瞥しただけで正しい道案内ができるようにするために、イコノグラフィの作業に取り組んだ。

図5-63
ユーザーリサーチのチームはウェイファインディングシステムのペーパープロトタイプを作成した。

　次に、まずテーマパークの文脈にフォーカスして、ビジター向けアプリケーションのデジタルプロトタイプをテストした。インタラクションパターンに関する仮説を確実にテストするため、チームはデザインの範囲を1種類のインタラクションと施設に定めることにした。さらに、ユーザーにとって最優先の情報は何かを突き止めようとした。彼らの想定によれば、それはアトラクションの詳細、クーポン、ゲーミフィケーションのバッジ（報酬）である。チームはIllustratorとInVisionでスマートフォンアプリのプロトタイプを製作し、特定のシナリオに基づいてどの部分が最もユーザーの役に立ったかをテストした（図5-64）。

　テストによる知見から、バッジは人々がテーマパークを訪れる主要な目的でないことが明らかになった。実際にユーザーがバッジやクーポンのアイデアを好むのは、テーマパークを歩き回っているときに自然に遭遇する場合に限られた。もう1つ、アトラクションの詳細の他に、人々が最も興味を持っているのは、テーマパーク滞在中にグループの他の人とうまく連絡を取り合えることと、荒天時にアトラクションが動いているかどうかを知るためのリアルタイムの最新情報だった。

図5-64
プロモーションビデオに示した、中忠実度のInVisionプロトタイプ

　テスト後、プロジェクトは複合的アプローチのターゲット市場によりふさわしいスタジアムのアプリケーションにフォーカスを移した。チームはユーザーに接触してより堅固なプロトタイプをテストし、6週間かけてビジターのスマートフォンアプリのみならず、施設所有者のインターフェース、追加のスマートスクリーンやエクスペリエンスまで含むシステム全体のプロトタイプを製作した。

　デザイナーと開発担当者の双方が協力し、全チームで高忠実度のプロトタイプエクスペリエンスを生成した。開発担当者は統合データベースを構築してビジターのためにiPhoneアプリを、施設所有者のためにiPadのダッシュボードを接続した。どちらのアプリケーションも最新のデザインとテスト結果をふまえてSwiftでコーディングした。iPhoneが近づくと反応するスマートスクリーンを作るため、彼らはtvOS（Appleがテレビ用に開発したオペレーティングシステム）アプリも作った（図5-65）。

図5-65
チームはtvOSでスタジアムのスマートスクリーンのプロトタイプを製作した。

　iPhoneアプリによってビジターはスタジアムで自分の座席を簡単に見つけ、コンコースを通って各種の設備に向かい、ゲームについてのリアルタイムの情報やアラートを受信し、スタジアムとのインタラクションに応じたプロモーションにアクセスし、友人とゲームをしてポイントやバッジをもらうことができる（図5-66）。イベント情報やデータをできる限り迅速にユーザーに伝えるため、プロトタイプのこの部分はMVVMとReactive Cocoa（Objective-Cにリアクティブプログラミングをもたらすオープンソースライブラリ）を使ってSwiftで作成された。彼らは過去のフットボールの試合のリアルなデータを使い、ユーザーにエクスペリエンスの完全な文脈を与えた。

　iPadのダッシュボードで施設所有者はすべての顧客情報の分析および知見を追跡管理することができ、施設の改良やビジターのエンゲージメントの強化が可能になる（図5-67）。アラートやリアルタイムのデータ追跡によって、所有者は人の流れを改善して混雑を緩和し、特定の場所での売り上げを伸ばすことができる。インターフェースからはターゲットビジターにゲーム中にプロモーションを送信し、売り上げとエンゲージメントを向上させることもできる。デザイナーはこのプロトタイプをFlintoで製作し、ダッシュボードのアニメーションとインタラクションをシミュレートした。このプロトタイプは、最初のスタジアムでのリサーチによるおおよその分析に基づいた模擬データを用いている。

図5-66
完成したiPhoneアプリは、ユーザーがどこで使うかに関わらずシームレスなエクスペリエンスを提供した。

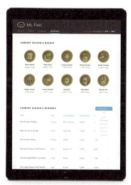

図5-67
完成した施設所有者用iPadアプリは、ビジターからリアルタイムデータを、会場設備からはデータの分析結果を受信できる。

　チームは最後に、ユーザーとのインタラクションが生じる2つの主な物理的エリアでのエクスペリエンスのプロトタイプを製作した。まずユーザーは文脈情報とウェイファインディングが表示されるスマートスクリーンのある"コンコースエリア"に入り、それからスクリーンにゲームのシミュレーションが映し出され、新しいプロモーションや情報を表示するメガトロンの設置された"スタジアム"で自分の座席を見つける（図5-68と5-69参照）。

5. デジタルプロダクトのプロトタイピング | 167

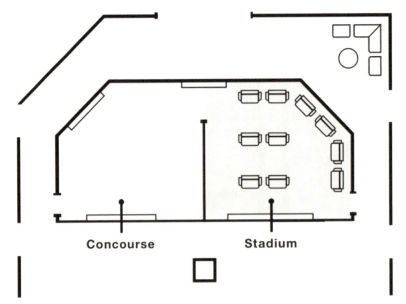

図5-68
チームはユーザーが実際に歩き回り、複合的なエクスペリエンスのさまざまな部分とインタラクションできるエクスペリエンスセンターを作った。

図5-69
最終的なエクスペリエンスは没入型できめ細かいものだった。

　MILチームはこれらのプロトタイプ化した環境を、エクスペリエンスのユーザーテストのために使っただけでなく、このプロジェクトが施設にどのように価値をもたらすかをエグゼクティブやスタジアムの潜在顧客に示すためのコミュニケーションツールとしても活用した。このプロジェクトは一貫性のあるきめ細かいエクスペリエンスがいかに好評かをチームが認識する助けとなり、刺激を受けたチーム

はさまざまなテクノロジーを組み合わせたその他のソリューションの検討を続けた。

　プロジェクトは、6カ月のあいだにチームのリサーチとプロトタイプをもとに発展し、変化していった。最終的に彼らは、複雑で多面的なデジタルエクスペリエンスを少しの創造性と空間プランニングによって現実のものにすることができた。プロセスの各ステップでは、1回のイテレーションであまり多くのものを作ってテストしなければならない状況を生まないように気をつけながらプロトタイプの範囲を決めた。インタラクションの細かい部分に先に取り組むことで、個々の部分を改良してから、それらを組み合わせてより大きな全体のエクスペリエンスにすることができた。

まとめ

デジタルプロダクトのプロトタイピングニーズは、フィジカルプロダクトと同じものもあれば違うものもある。ソフトウェアやアプリの媒体はコードだし、インタラクションの方法はスクリーンだ。スクリーンをデザインするときは、モーションやアニメーションでユーザーを導く機会がある。アニメーションは賢く使用しなければならないが、うまく活用すれば、使って楽しい、わかりやすいナビゲーションの製品になる。

　異なる多くのデバイスで見ることができるウェブアプリをデザインしている場合、他にもレスポンシブデザインやモバイルファーストといったデジタルプロダクト特有の側面がある。モバイルファーストの視点からデザインすれば、そのデザインをより大きな画面に合わせて変換するのがすばやく楽にできる。さまざまなタイプのインタラクションとアクセシビリティは、テストし試すべき価値のある機能だ。ユーザーはタッチ、声、キーボードやマウスを使って製品とインタラクションするかもしれない。特定のユーザーにとってどのインタラクションが意味をなすかを決めたら、それらのインタラクションのタイプをプロトタイプで必ずテストしよう。

　最後に、提供する製品で普遍的なオープンウェブを作るためには、アクセシビリティが極めて重要だ。あらゆる能力レベルの人々があなたの製品をどう使うかを検討し、すべてのタイプの人々をユーザーテストの対象にしよう。あなたの選んだ色のコントラスト比は、視力が弱い、ないしは色覚異常のユーザーには十分でないかもしれない。製品をナビゲートするのにキーボードだけを使用することはできないかもしれない。これらの要素はどちらも、将来製品を使う必要がある人々の特定のセグメントのために必要だ。よって開発およびプロトタイピング作業中に彼らのニーズを検討したほうがいい。

　製品と特定のプロトタイプのユーザーフローを作成し、成功の第一歩を踏み出そう。ユーザーがフローを完了するのに必要なインタラクションを生み出す数多くの

さまざまな方法をスケッチして、ユーザーフローを改良する。スケッチは付箋や紙に、プロセスの後半では自分が選んだビジュアルデザイン・プログラムに描くといい。この時点で、サイトまたは製品の情報アーキテクチャに取りかかる。

　追求したい方向性が決まったら、ワイヤーフレーム、ペーパープロトタイプ、クリッカブルプロトタイプなどの低忠実度のプロトタイプを作ることができる。テストしなければならない仮説を選び、そのためにユーザーフローのどの部分がプロトタイプに必要かを判断する。中忠実度のプロトタイプと同じプロセスだが、コンテンツやビジュアル、あるいは他の忠実度の要素をもっと決めておかなければならない。自分で、もしくは開発担当者と協力してプロトタイプをコーディングすれば、ブラウザの最終媒体でテストするのに十分な機能を得ることが可能だ。

　高忠実度では、製品のより詳細な要素をテストすることができる。このレベルでは、アニメーションをテストして、開発に労力をかけるかいがある十分な価値を提供するよう徹底するといい。高忠実度のプロトタイプを使えば、デザイン開発のフィージビリティとかける時間をより適切に理解できる。

　さまざまなプロトタイピングの方法と忠実度を、必要なものを必要なときに引き出せるツールキットとして活用しよう。テストする仮説を書き出して、その仮説を正しい／間違っていると証明するために必要な、適切な忠実度とプロトタイプの種類を選ぶことを頭に入れておく。最高のユーザーエクスペリエンスデザイナーやプロトタイパーは、1つのツールだけに頼らない。彼らには使い慣れたオプションの備蓄があり、個々のエンゲージメントにどれを使うかを選んでいる。

　これでアプリやソフトウェアのアイデアを頭から引き出し、テストし、磨きあげて製品にするためのツールは揃った。

第 6 章

フィジカルプロダクトの
プロトタイピング

パーソナル電子機器とフィジカルコンピューティングは今急成長しているデザイン領域だ。電気部品の価格が下がり、センサーを内蔵した製品のデザインや製作が身近になっているのだ。家やオフィスで、そうしたデバイスをモノのインターネット（IoT）オブジェクトにつなぐのも簡単だ。それらの製品の大半は物理的コンポーネントとデバイスの機能をコントロールまたはインタラクションするソフトウェアアプリの両方で形作られている。本章は主に、スマートオブジェクト、ウェアラブル、そしてIoT製品への接続に焦点を当てる。独自の厳密なプロトタイピングの方法を持つ、従来型のインダストリアルデザインや形状の製作については掘り下げない。ここでは、フィジカルプロダクトに有益なプロトタイプを作るために乗り越えなければならないハードルの実情を説明しながら、成功のための下地を整えたいと思う。

電子機器に取りかかる

電子機器をはじめて作るなら、そのための手段はとても豊富だ。たとえばlittleBits（littlebits.cc）、Adafruit（www.adafruit.com）、SparkFun（www.sparkfun.com）など、カスタム回路やシステムを作るのに役立つキットも次々登場している。なかには、マイクロコンピュータ（コンピューターチップの頭脳）、ブレッドボード（はんだなしで回路を作れるベース）、コネクター、各種センサーと出力を含むキットもある。図6-1に示すこうしたキットは、シンプルな回路の製作を始めるのにうってつけだ。

図6-1
Arduinoのスターターキットなら必要な材料がすべて揃う(https://www.arduino.cc/en/Main/arduinoStarterKit)。

　具体的なテーマのあるキットを購入することもできる。たとえば、モーター(www.adafruit.com/products/171)、WiFi(www.adafruit.com/products/2680)やBluetooth接続(www.adafruit.com/products/3026)、センサー(熱、モーション、タッチなど。www.adafruit.com/products/176)、ライト(色を変えられるRGB LEDまたは七色の可視スペクトルのLED。www.sparkfun.com/products/12903)などだ。それ以外にも、図6-2のように特定のデバイス——この場合はロボット——を構築するのに必要なすべての部品を備えたキットもある。どのキットも価格が手頃で難易度も低いので、楽しく電子機器に触れることができる。

　また、個々のコンポーネントとセンサーで特定のニーズに対処する正確な入力と出力を組み合わせ、電子機器を作ることが可能だ。作業とテストを何度も積み重ね、インダストリアルデザイナーやエンジニアと手を組んで正しい回路とスペックを決め、製造業者と協力し、デザインを製品として売ることができるプロダクションレベルにスケールアップしていく。

　IoTのために新しいアイデアを考えるのはシンプルな作業だが、(図6-3のような)プロトタイプを製作し、コンセプトをテストし、アイデアを実際に機能する形にして売り込めば、ステークホルダーの承認を得て投資を引き出せる可能性はぐんと高まるはずだ。あなたの主張に真剣に耳を傾ける人が増え、新製品のメリットをはっきり示すことができるようになるだろう。

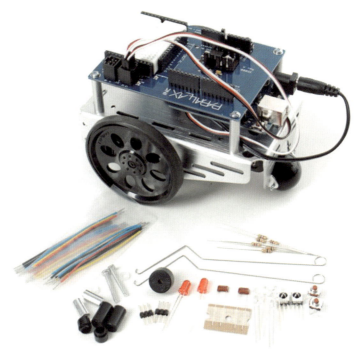

図6-2
何かにぶつかるとアンテナを使って方向転換するロボットを作れるキット（www.adafruit.com/products/749）。

図6-3
フィジカルプロトタイプは、アイデアを形にして他の人に伝えるのに役立つ。

新しい電子装置の開発プロセスには障害がつきものだ。競争相手がひしめくなか、アイデアの明確な価値提案や、ユーザーがなぜ他社製品でなくあなたの製品を選ぶのか、その主たる根拠が必要になる。プロトタイピングプロセスでは常に、解決を目指す問題をいちばんに考えよう。ユーザー中心のアプローチをとれば、ごまんといるホビイストとは一線を画し、優れた電子装置を創り出すことができるだろう。

フィジカルプロダクト特有の性質

フィジカルプロダクトのプロトタイピングには、デジタルプロダクトとはまた別の不可欠な機能とプロセスがある。考慮すべきなのは主に、電子機器とその機能にかかわるコーディング、フィジカルプロダクトの材料と触感だ。

電子機器

電子機器を使った作業なんてとても無理だと思うかもしれないが、これほど楽しくて魅力的なプロトタイピングの方法はない！　手を汚しながら製品のアイデアを物理的に作っていくのだが、それも楽しみの一部だ。電子機器のプロトタイプを通じてアイデアをテストし、伝えて改善を図る。スマートオブジェクトやウェアラブル装置をデザインするメリットは、それを動かす部品を正確に選べるところだ。スマートフォンメーカーや特定のオペレーティングシステムに左右されず、製品をどう機能させたいかは自分で考えることができる。

フィジカルプロダクトを自らデザインするうえでやっかいなのは、プロトタイプを作る電子部品を購入し、その使い方を学ばなければならないことだ。温度、光、音、モーション、圧力などのセンサー、もしくはアナログダイヤルを使った情報収集の方法もそこに含まれる（図6-4）。また、ネットワークまたは電話やコンピュータなどの他のデバイスと電子機器の接続方法（Bluetooth、WiFi、コード）を決める必要もある。それから光、音、ビジュアル、触覚などさまざまな出力をデザインする。

入手できる各種のコンポーネント（部品）に慣れるには、まずスターターキットを使うといいだろう。一例が、磁石の部品をパチッとつなげてシンプルな入出力回路を作るlittleBitsだ（図6-5）。本来子ども向けではあるものの、こうしたキットは最初の一歩を踏み出すきっかけになるし、極めて忠実度の低いプロトタイプを製作しながらいろいろなコンポーネントを試す楽しみを発掘できる。電子工学の知識が豊富でなくても簡単にアイデアを形にしてくれる。はんだ付けが不要なため、学習の難易度も低い。

図6-4
電子プロトタイプを作るにはさまざまなコンポーネントが必要になる。
（画像提供：Intel Free Press〈Flickrユーザー〉）

図6-5
littleBitsのキットには、磁石でぴったりくっつく部品が数多くある（http://jp.littlebits.com/kits/rule-your-room-kit/）。

上達してきたら、図6-6にあるAdafruitのモーターキットのようなもっと複雑なキットを購入して、アイデアを形にする助けにするといい。しばらくすれば予備の部品のコレクションができて、まわりにある材料を使って驚くほど手早くアイデアのプロトタイプを作れるようになるはずだ。

図6-6
Adafruitのモーターキットでいろいろなタイプのモーターが作れる（https://www.adafruit.com/products/1438）。

　簡単な回路が難なく作れるようになったら、マイクロコントローラーのついたさらに入り組んだ回路を作ってみよう。マイクロコントローラーは電子プロトタイプの頭脳として機能するコンピュータチップだ（図6-7）。マイクロコントローラーの動作を制御するにはコードを書けばいい。大半のマイクロコントローラーはセンサーからの入力を感知し、あなたが書いたコードに従ってそれを分析し、ユーザーに適切な反応を出す。あるいはアクティビティトラッカーのようにその情報をスマートフォンアプリに送って、ユーザーに表示する。

　フィジカルプロトタイプの内部構造をもっと思い通りにしたければ、カスタムコードやキット用に処理されていないコンポーネントを使う必要があるだろう。高忠実度のプロトタイプを作るようになると、部品のはんだ付けが必須だ。極端に難しくはないが、道具が必要で（図6-8）、コツをつかむには少々練習がいる。

図6-7
Arduino Unoマイクロコントローラーは電子プロトタイプの頭脳の役割を果たす。

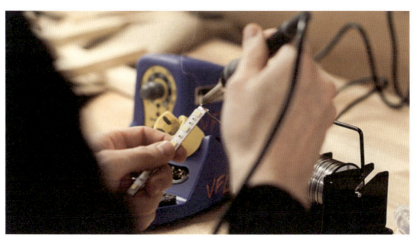

図6-8
初心者用はんだごて

コーディングとトラブルシューティング

電子プロトタイプ用に書いて作ったコードは、デジタルプロダクトのコーディングプロトタイプとは異なる。このタイプのコードは別の言語で書かれていて、マイクロコントローラーに接続するコンポーネントすべてを実際にコントロールする。これはウェブアプリのバックエンドコーディングと同じと考えていいのだが、マイクロコントローラーのループと変数にはより多くの機能がある。この先コードを書かなければならないが、そのための近道を教えよう。

オープンソースコミュニティ(自分のコードやプロジェクトを共有して他の人が使えるようにするオンライン上のコミュニティ)に参加すれば、コード作りを楽に始められ、完成したコードを共有することができる。コードのオンライン共有はサポートが充実しているので、少なくとも必要な特定のコードの書き方をおおまかに理解するのは難しくないはずだ。

コードと同様に不可欠なのがトラブルシューティングだ。コードの扱いはとても難しく、正しく機能させるには実に細かいコマンドと構造を使用しなければならない。コンマ1つ、括弧1つ忘れただけで、マイクロコントローラーはセンサー入力された情報を理解できない、あるいは要求された計算を処理できない可能性がある。コンポーネントをいきなりすべて統合するのでなく、小さいユニットごとにテストするのを勧めるのは、そうした事実があるからなのだ。まず個々のコンポーネントのコードを書いてテストする。1つのプロトタイプのコンポーネントとコードの数が多いほど、バグが発生する可能性は高くなり、コード、または回路の接続のどこが問題を起こしているかを突き止めるのが難しくなる。

これから、いつか必要になるトラブルシューティングの方法についてアドバイスをしよう(誰でもきっと必要になる！)問題が起きるとイライラするだろうが、コードないし回路の何がおかしいかを解明し、修理し、プロトタイプが完璧に機能したときは純粋にうれしいものだ。

材料と触感

フィジカルプロダクトにとって材料は重要であり、プロダクトエクスペリエンスにおいて考えなければならないもう1つの側面だ。フィジカルプロダクトでは、表面を触った感じや各種出力とユーザーの触覚の相互作用をコントロールしなければならない。こうした触覚のインタラクションは、スタンドアローン型スマートオブジェクトの一部だが、常にユーザーに触れているウェアラブルのテクノロジーにはなおのこと不可欠だ。このアプリケーションに合う材料、合わない材料はいろいろある(図6-9)。電子機器の機能をデザインするなら、製品を家(棚、カウンターの上、ベッドの横)のどこに置くか、身体(手首、首、上腕)のどこに身につけるか、どんな方法によるインタラクション(光、音、振動モーター)かを決めなければならない。

図6-9
ウェアラブル技術にはアプリケーションによって異なる材料が必要。
(画像提供：Intel Free Press〈Flickrユーザー〉)

　デバイスのアイデアのためのユーザーフローを作成し、材料がユーザーにどう影響するかの理解に役立てよう。ユーザーは主にどこでデバイスを使うだろうか。1カ所に置いて使うか、それともユーザーが持って移動するかを決める。ユーザーが製品に触るのは1日に1度か月に1度か。これらの要因はどれも必要な材料の種類を決める参考になるので、製品のユーザーフローに組み込む。

　ウェアラブルではないスマートオブジェクトをデザインするときは、それらが置かれる環境を常に意識する。どうすれば実際の環境で最も効果的なプロトタイプを作り、アイデアをテストできるだろうか。スマート体重計のデザインなら、使用する可能性のあるすべての種類の床の上で、そしてあらゆるサイズのバスルームでそれを試しに使ってみたいと思うだろう。タイル貼りの広いバスルームで機能する体重計は、狭いアパートのカーペット敷きの床では機能しないかもしれない。加えてタイル、リノリウム、またはカーペット敷きの床に合う筐体を用いる必要があるだろう。

　ウェアラブルについて考慮しておくといいのは、アレルギー反応を引き起こさない材料の確保と、オブジェクトの維持管理や清掃の方法だ。たとえば、スポーツ関連のウェアラブルをデザインする場合、汗や長時間の運動にも耐えられるシリコンやクロロプレンゴムなどの材料を検討する。あるいは、宝飾品としてのウェアラブ

ルのデザインなら、皮膚への刺激が少ない金属仕上げを選び、一般にアレルギー反応を引き起こすニッケルなどの金属を使わないようにする。アクティビティトラッカー・リストバンドつきのFitbitとかMisfitのように、取り外してきれいにできる筐体に電子機器を入れたらどうかという考えもあるだろう(図6-10)。肌に触れるバンドをきれいにできるうえ、小さい電子部品はバンドから取り出して手入れすることができる。

図6-10
Misfitのバンドは電子機器から外れるので、手入れが簡単だ。

　そうしたプロセスでプロトタイプを活用すれば、さまざまな種類の材料、形状、配置をテストして、今後の方向性を決める一助となる(図6-11)。オブジェクトをどこに置くかを決めたら、正しい材料を使い、最終的な装着場所のできる限り近くでプロトタイプをテストして、形状や材料の検討事項に関するフィードバックが得られるようにしよう。テストの結果、手首はデバイスをつけるのに最適な場所ではない(ユーザーがすでに他のいろいろなデバイスをそこにつけていればなおさら)とわかって、代わりに上腕や足首につけるバンドを作ることになる可能性もある。
　製品の材料は異なる種類をいくつか選んでおく。プラスチック、ベニヤ板、布など、表面や仕上げに使用される材料は、ユーザーに直接触れるものだ。もう1つ、製品を作るのに必要な材料(射出成形プラスチック、フライス盤アルミニウムなど)も考慮

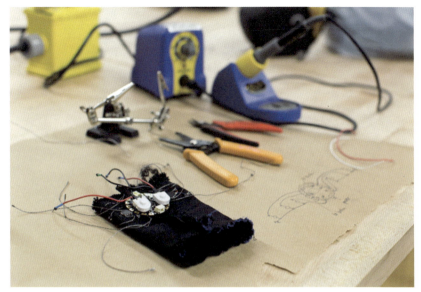

図6-11
材料の選択はフィジカルプロダクトのプロトタイピングにとって極めて重要。

しなければならない。材料デザインについての詳細は以下の書籍をチェックしよう。

- 『Materials for Design〔デザインのための材料〕』(クリス・レフテリ著、Laurence King Publishing刊)
- 『「もの」はどのようにつくられているのか？─プロダクトデザインのプロセス事典』、(クリス・レフテリ著、オライリー・ジャパン刊)
- 『Materials and Design〔材料とデザイン〕』、(マイク・アシュビー、カーラ・ジョンソン著、Butterworth-Heinemann刊)

　材料の選択によって製品の触感は変わる。製品にとって必要な文字通りの接触点^{タッチポイント}とは何か。ユーザーのおこなう特定のジェスチャーを検知するにはスクリーンやボタン、触覚、モーションなどのセンサーが必要だろう(図6-12)。触感を左右するコンポーネントに関しておこなう意思決定は、それらのコンポーネントを最初は個別に、その後1つの製品としてテストするにはどんなプロトタイプを作らなければならないかを決めるのに役立つ。

図6-12
フィジカルプロトタイプには接触点が必要だ。

　各コンポーネントの種類と形状は多様で、どれも購入することが可能だ。たとえばボタンなら、クリックしたときの感触はどういうものがいいだろう。ノイズのある機械的な感じか、それともなめらかでシームレスなのがいいだろうか。アーケードボタンや小さくてスムーズなボタンなど、違うタイプのボタンをいくつか注文して異なるプロトタイプで試してみるべきだ(図6-13)。画面の大きさは、それによってクリック可能な領域の範囲が決まるので、表面の感触に影響を及ぼす可能性がある。そのため、インターフェースのサイズに合った大きさの画面を選ばなければならない。ダイヤルやスライダーのような触覚コントロールをつけるのもいい。フィジカルプロダクトのデザイナーは、それらのインタラクションがどんな感じで、全体のエクスペリエンスと製品の個性にどう影響するかを選ぶ。対照的にデジタルプロダクトでは、タッチ画面に触れたときの感触ではなくインターフェースの外観のみを選ぶ。

図6-13
さまざまなボタン──"触感は、製品とのインタラクティブ・ポイント、つまりボタンや画面など、ユーザーと接触するあらゆるもので考慮しなければならない"。

準備

プロトタイピングを始める前に、時間をかけてアイデアとプロトタイプ計画を準備して、何を作る必要があるかをきちんと把握しておこう。この段階では、これからたどるプロトタイピングプロセス（第4章参照）をふまえ、ユーザーが誰で、彼らのために解決しようとしている問題は何かをわかっていないといけない。ユーザーのインタラクションポイントを理解するためにユーザーフローを、あるいはプロトタイプを使ってテストするつもりなら仮説をすでに書き出してあるはずだ。

そうしたアセットを活用し、作成するプロトタイプの範囲（1つないし複数のコンポーネントか、エクスペリエンス全体か）と、プロトタイプにコーディングが必要になるのはどんな機能かを決める。プロトタイプで優先する要素を決めるために、第3章で説明した忠実度のさまざまな要素をもう1度見直してみよう。

たとえば、ウェアラブルなアクティビティトラッカーの製作中に、それがユーザーの日常生活にどうフィットするか、デバイスの使い心地はどうかをテストしたいと思ったら、機能の幅の忠実度を高くして、ユーザーインタラクションの全体像を掴む必要がある（図6-14）。ただし、トップレベルのインタラクションに注力しているのだから、バンドが追跡できるアクティビティ一つひとつを掘り下げる必要はない。このプロトタイプでは材料と基本的な入力（ボタン）／出力（光とバイブレーション）にフォーカスして何を追跡管理するかを提示するが、実際にデータ追跡を実装したり、スマートフォンアプリに接続して数値を計測したりはしない。

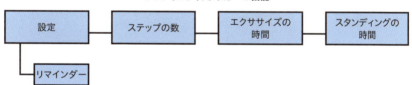

図6-14
この図には、アクティビティトラッカーの製作に必要なプロトタイプの機能の幅と深さを示した。

テストする仮説をふまえたユーザーフローとスコーピングの他に、初期の回路図を作成して必要なコンポーネントを購入すると便利だ。どちらが先かは常に意見が分かれるところだが、いずれにしても、コンポーネントを統合させる方法は購入前に知っておくと楽だろう。

電子機器に詳しくない人は、この機会にその動作の基本を学んで必要な材料と安全性の基本を知っておこう。根本的な理解を得るのにおすすめのリソースが、Basic Electronics Instructable（www.instructables.com/id/Basic-Electronics/）とSparkFunの学習シ

リーズ（learn.sparkfun.com/tutorials/where-do-i-start#starter-tutorials）だ。安全性の問題は電気を扱う作業では実際に起こり得るので、十分に留意し、感電したり、プロトタイプを燃やしたりしないような確かな知識を身につけよう！

回路図

回路図やスケッチは、スマートオブジェクトのプロトタイプの機能をデザインする最初のステップにぴったりだ。ユーザーフローとスコープに基づいて、使用するコンポーネントを決める。回路図は、さまざまなコンポーネント同士の相互作用、およびコンポーネントとすべてを制御するマイクロコントローラーの相互作用を明らかにする（図6-15）。紙に書くか、マイクロコントローラーとブレッドボード上でつなげれば、各種コンポーネントの接続を示す基本の回路が完成する（図6-16）。こうした低忠実度のスケッチは、「回路図（スケマティック）」、つまり回路基板として正式に製造するためにあらゆる電気部品が回路にどう配置されているかを示す詳細図を作成する第一歩だ。

図6-15
回路図を作成すれば、コンポーネントをどのように統合すればいいかをじっくり検討できる。

Fritzing（fritzing.org/home）のようなプログラムを使えば、デジタルで回路を作ることができる。Fritzingは複雑な回路を構築するためのコンポーネントライブラリを持つ、オープンソースのハードウェアイニシアティブだ。Fritzingに回路をレイアウトしたら、回路図かプリント基板（PCB）で表示してその外観と機能をチェックできる。

図6-16
ブレッドボード回路を作ってシンプルな回路を試すこともできる。

　回路を作ったことがなければ、各種センサーと出力が同時にどう機能するかを示すストーリーを書いて、それらのインタラクションの絵を描く。ストーリーを書くときは一般的な"if this then that（もし〜したら…になる）"アプローチを用いることができる。たとえば、犬用のリモートスマートセンサーなら以下のようになるだろう。

- モーションセンサーが犬の動きによってオンになった場合
- 写真を撮る
- 撮った写真を飼い主の電話番号に送信する
- モーションセンサーがオンにならなければ、何もしない

　このストーリーから、モーションセンサーの入力、カメラの入力、WiFi接続されたマイクロコントローラー、画像を電話番号に送信するバックエンドが必要なことがわかる。図6-17にこのストーリーを大まかに描いた回路図を示す。

　こうしたストーリーがあれば安心して必要な部品を買うことができるし、マイクロコントローラーに必要なコードを書くための擬似コードにすぐに取りかかることができる。

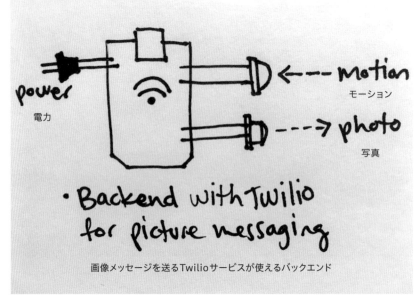

図6-17
回路図のイラスト

　回路図とブレッドボード回路はどちらも、電気技術に詳しい仲間の力を借りてテストできるプロトタイプだ。回路図を彼らに見せ、それがどんな機能を果たすと思うかを話してもらおう。彼らがきちんとわかってくれたら、大成功！　そうでない場合は、プロトタイプが果たすはずの機能を説明し、フィードバックをもらって回路図の改良に役立てよう。

材料の入手
準備段階の次のステップはプロトタイプ製作に必要なコンポーネントと材料の調達だ。電子装置やコンポーネントの価格帯は、非常に安価な抵抗器から数百ドルのLEDアレイまでと幅広い（図6-18）。自分が作るプロトタイプに合ったコンポーネントを入手しなければならないが、いちばん高価なものを使わなくてもインタラクティブなアイデアのプロトタイプを作る方法はある。最終製品をテストする場合とは異なるコンポーネントを使って、インタラクションを提示する類似のテストを実行してもいい。かなり値の張るLEDアレイなどのアイデアは、実際のコンポーネントを買う前に、HTML版をコーディングしてユーザーテストするといいだろう。

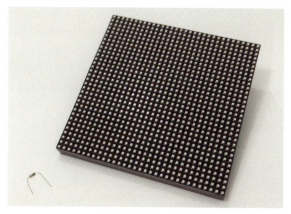

図6-18
安価なコンポーネントと高価な
コンポーネント

　ワイヤー、ワイヤーカッター、はんだごてとはんだ、マルチメーター、各種LED、ブレッドボード、さまざまな抵抗器、ボタン、ノブ、ダイヤル、異なるいくつかのセンサーなど、基本の材料や器具を揃えて電子機器用の作業スペースを設ける方法もある（図6-19）。

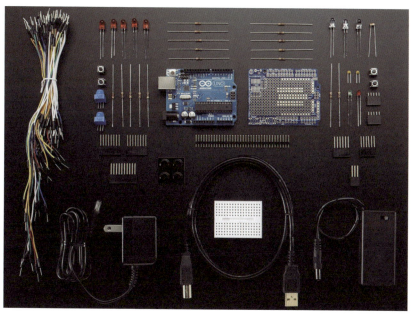

図6-19
多くのプロトタイプを作る手はじめに、スターターパックを入手するのはいい考えだ（http://www.adafruit.com/products/68）。

このような選りすぐりのコンポーネントを購入すれば、初期の低忠実度のプロトタイプならたいてい作れるだけのものは揃う。いずれマイクロコントローラーが必要になるが、選択肢は豊富だ。

私が気に入って用意してあるマイクロコントローラーは、Arduino Uno、Arduino Micro、Trinket、GemmaとFlora（縫いつけ用）、Photon（WiFi用）などだ。価格は7〜25ドルでそれぞれ性能は異なる（表6-1）。安価なマイクロコントローラーにはシリアル入力がない（コードから情報を取り込む）ものもあるが、コストをかけないプロトタイプには最適だ。マイクロコントローラー選びでもう1つ重要なのは大きさだ。低忠実度のプロトタイプならUnoのような大きなマイクロコントローラーを使えるものの、デザインに磨きをかけていくにつれ、より小型のものを使わなければならなくなる。プロトタイピングプロセスが終了する頃には、正確な仕様に合った独自の回路基板やマイクロコントローラーを設計できるようになっているに違いない。しかしそれまでは、既存のものを使ってテストすれば問題はないはずだ。

表6-1
最良のマイクロコントローラーと、価格、特徴、利用可能なピン数などの詳細

製品名	価格	特徴	アナログ/デジタルピン数	言語
Arduino Uno	24.95ドル	入門レベルに最適。特にブレッドボードと相性がいい	6, 14	Arduino／Cバリアント型
Arduino Mega	45.95ドル	大型で強力。メモリとピンが多い	16, 54	Arduino／Cバリアント型
Raspberry Pi	39.95ドル	Linuxシングルボードコンピュータ。HDMI出力、ビデオHD対応ビデオプロセッサ	なし（オンボードADCなし),8	Arduino／Cバリアント型
Trinket	6.95ドル	小型で安価。3Vまたは5V版。シリアルポートなし	3, 5	インポートオプションがない。アニメーションサポートがない
Gemma	9.95ドル	小型で縫いつけ可能。シリアルポートなし	1, 3	Arduino／Cバリアント型

製品名	価格	特徴	アナログ／デジタルピン数	言語
Flora	14.95ドル	完全互換。ウェアラブル（または縫いつける）プロジェクトに最適。シリアルポート有	4,8	Arduino／Cバリアント型
Photon	19ドル	WiFi接続可能。RGB LEDステータスライト。スマートフォンから制御するかワイヤレスでプログラムするためのSDKつき	6,8	Arduino／Cバリアント型
LightBlue Bean	34.95ドル	Bluetooth接続可能。加速度計、温度センサー、RGB LED搭載。制御するかワイヤレスでプログラムするモバイルアプリ有	2,6	Arduino／Cバリアント型、ワイヤレスプログラミング

　回路図とユーザーフローをもとに、プロトタイプの製作に必要なコンポーネントだけを正確に買うことができる。小さいものや壊れやすいものはだめにしてしまいやすいので、それぞれを必ず2、3個購入する。

　以下にあげるのは、私の好きな購入先のリストだ。

わかりやすく作られていて使いやすいチュートリアルつきのショップ：

- Adafruit（www.adafruit.com）
- SparkFun（www.sparkfun.com）
- Maker Shed（www.makershed.com）

より本格的な専門店：

- Jameco（www.jameco.com）
- All Electronics（www.aliexpress.com）
- AliExpress（http://bit.ly/2gPCd3K）
- eBay――必要なものが正確にわかっている場合

カスタム回路板：

- OSH Park（oshpark.com）

低忠実度のフィジカルプロトタイプ

フィジカルプロダクトの場合、プロトタイプの忠実度はデジタルプロダクトで見てとれるほどには明白でない。低忠実度といっても、単に紙を媒体とするわけではなく、相互接続できる実際の物理的コンポーネントを使用するため、中忠実度に近いように見えなくもないのだ。電子部品の性質上フィジカルプロトタイプはユーザーの観点から見たエクスペリエンスの形がはっきりしている——最初のプロトタイプからフィジカルなのだ。低忠実度のプロトタイピングをさらにややこしくしているのは、アイデアがまだ初期段階にあること。だから、アイデア構築のどの段階にあるかに対する期待を正確に設定したうえで、低忠実度のフィジカルプロトタイプを提示するのがベストだ。

ブレッドボーディング

最初に作るのにぴったりな低忠実度のプロトタイプには、ブレッドボード(はんだ付けなしで電子回路を作るためのベース)とマイクロコントローラーを使用するが、この作成方法は私も気に入っている(図6-20)。両端をはいだ短いソリッドコアワイヤー(多くの細いより線からなるストランデッドワイヤーではない)ないしジャンパーワイヤーを使い、両端をブレッドボードとマイクロコントローラーに差し込む。大事なのはソリッドコアワイヤーを用いるか、ストランデッドコアワイヤーの先をはんだ付けしてブレッドボードへの抜き差しを簡単にすること。柔らかいストランデッドコアワイヤーを基板上の決められた小さな穴に入れるなんて、これっぽっちも愉快な作業ではない!

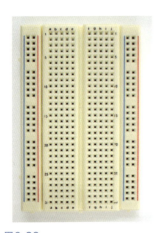 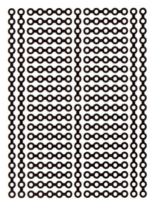

図6-20
ブレッドボードを使えばはんだ付けをせずに回路を作ることができる。右側は、インナーボードが電源につながった縦方向の列と数字のふられた横方向の列にどう接続しているかを示す。

場合によってはブレッドボードに差し込めるようヘッダーのついたマイクロコントローラーを使うと便利だ（図6-21参照）。あるいは、他のマイクロコントローラーにヘッダーをはんだ付けし、回路のプロトタイプを迅速かつ容易に作ることもできる。

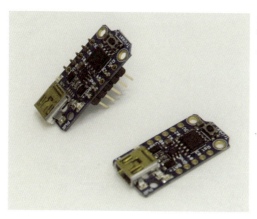

図6-21
Trinketのマイクロコントローラー（ヘッダーがあるものとないもの）

　価格の手頃さ、世界中で購入可能なこと、充実したオンラインコミュニティの点から、マイクロコントローラーをはじめて扱う人にとてもおすすめなのがArduino Unoだ。Arduinoは各種のマイクロコントローラーを販売するオープンソースのエレクトロニクス・プラットフォームで、実に頼りがいのあるコミュニティと定評ある製品を有している。Unoは低忠実度のプロトタイプにたいへん適している。すでにヘッダーが付いていて、ワイヤーをUnoに直接差し込めばはんだ付けが不要だし、ブレッドボードを使って回路のそれ以外の部分を製作できるからだ（図6-22）。

図6-22
ブレッドボードのついたArduino Uno

たとえば、新しくメールを受信するたびにLEDの色が変わるメール通知を作るとしたら、2つの異なる回路を作って低忠実度でテストする。1つの回路にはLEDをセットして色をランダムに変えるコードをつけ、もう1つの回路、すなわち実際には唯一のコードがコンピュータからメールを受信してArduinoに転送する。図6-23に回路図がどのようなものかを示す。

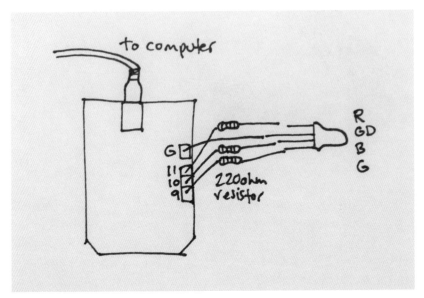

図6-23
メール通知の回路図

　その他に図6-24で私の作ったブレッドボードを紹介する。上の回路には、メールの受信時と開封時を装ってライトのオン・オフを切り替える2つのボタンを加え、コードをテストできるようにした。下の回路はメール通知の最終版だ。

図6-24
LEDを配置したブレッドボード

6. フィジカルプロダクトのプロトタイピング | 193

次にこのアイデアをテストするためにこれら2つの部分のコードを書かなければならない。

ブレッドボードの作成を始めるのに、AdafruitやArduinoのウェブサイトでスターターキットを購入し、『Arduino: A Technical Reference』(O'Reilly刊)でArduinoの基本をさらに学習することができる。全キットを揃えたいと思わなくても、本章の準備のセクションで述べたように、一般的な部品は少なくとも何個か購入しておくと都合がいい。慣れてくれば、最小限の材料を買い足すだけで簡単に各種の回路をいくつも作れるようになるはずだ。

Arduinoのコード

実際の回路の製作に加え、マイクロコントローラー用のコードを書く必要もあるだろう。オンラインには、コードの書き方や、オープンソースの例からほとんどそのまま使えるコードを得るにはどうすればいいかを教えてくれる資料がすでに豊富にある。Arduinoがスタートにふさわしい理由は、その充実したコミュニティと実績だ。作業に使えるコードつきのプロジェクトの例をたくさん見つけられるので、ゼロから始めなくていいのだ。

ArduinoマイクロコントローラーのコードはC＋＋プログラミング言語の簡易版を用いた特有の方法で書かれる。コードは"スケッチ"というプログラムファイル(デザインプログラムのSketchと混同しないように)に保存され、他のマイクロコントローラーとは少し異なるため、本書では主にArduinoにフォーカスする(図6-25参照)。これから、Arduinoのソフトウェアをダウンロードし、マイクロコントローラーをコンピュータに接続してコードを転送する必要がある。ざっと説明するので、Arduinoの概要を理解しておいてほしい。コーディングをもっと深く知りたければ、以下の本が参考になる。

- 『Programming Arduino: Getting Started with Sketches〔Arduinoのプログラミング：スケッチで始めよう〕』(サイモン・モンク著、McGraw-Hill刊)
- 『Make: Electronics〔メイク：エレクトロニクス〕』(チャールズ・プラット著、Maker Media刊)
- 『Arduino Cookbook〔Arduinoクックブック〕』(マイケル・マーゴリス著、O'Reilly刊)

図6-25
Arduinoの統合開発環境（IDE）

　スケッチの主要な3つのパートは変数、setup関数、loop関数だ（図6-26）。図6-27に示したLEDを点滅させるBlinkというスケッチの例を見てみよう。変数はあとからloopで参照できるよう値に名前をつけて格納する方法だ。マイクロコントローラーに変数に対して何かを実行するよう指示するときは、あなたが何に言及しているのかをマイクロコントローラーが理解するように、コードの冒頭で変数を宣言しなければならない。今後使用する最も一般的な変数は整数だ。整数はナンバーベースの値全体を保存し、その値と名前を関連づけることができる。図6-27のBlinkスケッチではLEDpinに整数の値を宣言したことに気づくだろう。これによりあとからどのピンナンバーをコードで参照しているかがわかる。

```
#add some libraries

int /*set up some variables*/ = set

void setup () {
    //set up some stuff
    variable = 23
}

void loop () {
    //the good stuff
    if (something)
    {
        do this to variable
    }
    else if (something else)
    {
        do this instead to variable
    }
    else ()
    {
        this will happen
    }
    other actions such as saving variable
}
```

図6-26
コードの基本――変数、setup関数、loop関数

```
int led = 13; //says that there's an LED connected to pin13
// the setup routine runs once when you press reset:
void setup() {
  // initialize the digital pin as an output.
  pinMode(led, OUTPUT);
}
// the loop routine runs over and over again forever:
void loop() {
  digitalWrite(led, HIGH);   // turn the LED on (HIGH is the voltage level)
  delay(1000);               // wait for a second
  digitalWrite(led, LOW);    // turn the LED off by making the voltage LOW
  delay(1000);               // wait for a second
}
```

図6-27
Blinkのスケッチ

　特定のコンポーネント用のプリセットコードを活用して時間を節約するために、コードのいちばん上にライブラリを組み込むことができる（図6-28）。作業の迅速化のために、Adafruitはさまざまなコンポーネント向けに多くのライブラリを提供している。RGB LEDは、レインボーモードとランダムな色生成がすでに内蔵されたライブラリで動作する。

図6-28
いちばん上のコードでライブラリが呼び出されている。

　setupはプログラムの起動時に1度実行され、（必要に応じて）各変数やloopコードまでに初期化する必要のあるその他のものの初期値を表示する。
　loopは、マイクロコントローラーに実際に何を実行すべきか伝えるコードの中心部だ。中止を命じるか電源が切れるまで繰り返し何度も実行されるのでloopと呼ばれる。この領域にはさまざまなものを数多く書くことができる。たとえばif/thenステートメント（"if this then that"と同じ）、基本の計算、reading sensors〔センサー読み取り〕、writing outputs〔文書出力〕など。マイクロコントローラーに何をしてもらいたいかを決めるのは、あなた自身なのだ。
　スケッチをもう少し詳しくひと通り学びたければ、Arduinoのこのチュートリアルをチェックしよう（https://www.arduino.cc/en/Tutorial/Sketch）。

擬似コード

プロトタイプのコーディングに使えて便利なのが、望む結果をまず「擬似コード」で書くという手だ。擬似コードとはいわばコーディング版ストーリーテリング。電子装置のユーザーフローと似ているが、ストーリーの実際の側面がより詳しく書かれている。実際の入出力と、それらの入力がどう使われるかを掘り下げるのだ。擬似コードはコードのloopがどんな計算を実行しなければならないかを明らかにするところから始める。使用するピンの数、必要なピンの種類（デジタルかアナログか）、loopを実行する頻度はすぐに決まるだろう。

たとえば、前述した送受信のたびにLEDの色が変わるメール通知の場合、私なら以下のような擬似コードのストーリーを書く。

> 新着メールの数をチェックする。
> それが前回の数より多いか少ないかを確認する。
> 結果に応じて次のようなアクションを起こす。
> ・多ければ、未開封メールがあるということなので、LEDを点灯させるかLEDの色を変える。
> ・少なければ、メールをいくつか読んだはずなので、LEDをオフにする。
> ・同じなら、何も起きていないので、何もしない。
> 今回のメール数を保存して次回のチェックに使用する。

ストーリーを書けば、次回のループで再使用できるようにメールの数を変数として保存する必要があること、それからメールの数を計算し、どの出力を発生させるかを決めるためにif／elseステートメントが必要になることがわかる。これでGoogleの力を少々借りてこれらの空白を埋めるコードチャンクを見つけることができる。

Arduinoマイクロコントローラーのコードとプロジェクトには、巨大なオンラインのオープンソースコミュニティがある。手はじめに使えそうなどんな種類のプロジェクトもほとんど見つけられるし、少なくとも一部のコードが手に入る。それをもとに自由に自分のコードを作ったり、改良したりできるのだ！　その成果を共有して、利用可能なプロジェクトをオンラインで継続的に向上させていくのに力を貸せば、コミュニティにとっても有益だ。

例にあげたメール通知では、Gmailからメールの数を引き出すプロジェクトを検索した。探し当てたのが、ベースコードに役立つardumailプロジェクト（https://github.com/RakshakTalwar/ardumail）だ。

メール数カウントへのアクセスは、オペレーティングシステムで動作する高水準の汎用プログラミング言語Pythonで書く必要がある。Pythonが優れているのは、コードが読みやすい設計になっているのでそれを読めば実行中の機能を理解できる

点だ。このプロジェクトを構築したとき、それまで私はPythonを使ったことがなかったので、過去のプロジェクトのコードスニペットを見つけ、自分のプロジェクトで機能するよう微調整を加えた。あなたもすぐに、自分のプロジェクトで使えるよう他のプロジェクトをうまく手直しする方法を身につけられる。

図6-29に示すこのスクリプトはコンピュータ上にあり、WiFiを使ってGmailアカウントにログインし、メールの数をチェックして、有線の場合はシリアルポート経由で、もしくはWiFiまたはBluetooth経由でArduinoに送る。Raspberry PiなどのWiFi接続可能なマイクロコントローラーを使用すれば、コンピュータはなくてもいい。ただし、ログインしてメールチェックするにはやはりPythonスクリプトは必要になる。

Arduino自体がすべての計算を実行する（図6-30）。Arduinoが計算を処理できるよう、私が異なるいくつかの変数を用いていること、出力とシリアルポートを設定していることがわかるだろう。変数は以下の通りだ。

ledPin
　　メールを受信するたび色を変えるLED。

val
　　Arduinoがシリアルポートから受信する数値。

emailnumber
　　その数の初期値。シリアルポートから受信した数に置き換えられる。

lastemailnumber
　　各ループの終了時にメール数を保存するために使用する変数。次回のループで新しいメール数と比較する。

変数に名前をつけるときは、具体的な制約を頭に入れておこう。名前はスペースなしの一語でなければならない。

図6-29
メール通知のPythonスクリプト

図6-30
メール通知のArduinoコード

設定にはledPinの出力（入力ではない）設定とシリアルモニターの起動が含まれる。loop内でArduinoが実行する計算を見ることができる。Arduinoコードの最後の部分は、ループを繰り返す前にemailnumberをlastemailnumberとして保存する。これらのステートメントは前に書いた擬似コードと正確に一致するが、ここでは正しいシンタックスとコードで書かれている。

　オープンソースコードやチュートリアルプロジェクトはインターネット中のそこかしこにある。Google検索するだけでも必要なコードは見つかる。あるいは、特定の電子コードが学べる私のお気に入りのサイトをチェックするといいだろう。

- Instructables（www.instructables.com）
- Adafruitの学習プラットフォーム（learn.adafruit.com）
- SparkFunのチュートリアル（learn.sparkfun.com）
- Arduinoのチュートリアル（http://bit.ly/2gNp7Ek）
- Makezine（makezine.com/projects）

　電子工学を学べるチュートリアルは続々と生まれているので、魅力的なプロジェクトはないかいつでもアンテナを張っておくようにしよう。以下にあげるメイカーをチェックして、いかに彼らがこの水準の電子工学を活用したプロトタイピングと創作の範囲を広げているか、必ず自分で確かめてみることだ。

アヌーク・ヴィプレヒト

マイクロコントローラー、斬新な3Dプリント、ハイファッションを融合し、美しくウェアラブルなエクスペリエンスを創出するファッション・テックデザイナー。

Richard Clarkson Studio

実験的な家具や照明などのプロダクトスタジオ。CloudランプやSaberランプなど、一風変わったすてきなエレクトロニクスプロダクトを発明・創造している。

ベッキー・スターン

電子工学、ウェアラブル、およびテキスタイルデザインを組み合わせて見事なプロジェクトを生み出す、DIYの達人。YouTubeにたびたびチュートリアルをアップしている。MakeやAdafruitで勤務し、現在はInstructablesのコンテンツクリエイターとして働いている。

コンポーネントのプロトタイプ

小型回路と基本コードの作成ができるようになったところで、主要なコンポーネントを統合する前に、それぞれのプロトタイプを個別に作ってテストしなければならない。このプロセスによって、この先必ずやらなければならないトラブルシューティングがより効果的になる。よくあるのが、セミコロンの代わりにコロンを使った、括弧をつけ忘れたというコードでの問題や、はんだ接合がお粗末、電圧が正しくない、抵抗器がない、ワイヤーがブレッドボードに十分に差し込まれていないといった電子工学の問題だ。

プロジェクトにコンポーネントを追加するたびに複雑さは増し、何か不具合が生じるたびに確認すべき要素の数も増える。それでも、アイデアを少しずつ形にしていくことで、その苦労はいささか和らぐ。確実なコードが書けるので、コンポーネントを結びつけるときは遷移ポイントをチェックすればいいだけになるからだ。他の分野ではこのプロセスをユニットテストと呼ぶ場合があるが、ここではコンポーネントプロトタイプと呼ぶことにする。

たとえば私は、RFIDセンサー入力（社員証に使われているのと同じ）と49個のRGB LED（色変えも可能）のついた出力用パネルを組み合わせて、なかに何があるか、何を入れ忘れたかを検知できるスマートメッセンジャーバッグ、通称"カメレオンバッグ"（図6-31参照）を作った。私は家や職場に鍵とか携帯電話などの大事なものを忘れてしまい、走って取りに戻ったり、約束に遅れたりすることがしょっちゅうある。私には、出発前に何をかばんに入れ忘れたかを具体的に教えてくれる方法が必要だった。最終製品は忘れものを知らせる以上の機能を備え、毎日使えるものでなければならない。そこで、自分の私物がまるごとおさまり、電子デバイスを入れるゆとりのあるスマートバッグを作ることにしたのだ！

RFIDリーダーがバッグの中身を追跡し、何か忘れたらLEDの色とアニメーションで知らせる。最初のプロトタイプはRFIDリーダーからのセンサー入力をテストするために作った。私はArduino用のコードを書き、センサー入力が機能しているかどうかをテストした。それから別のArduinoでRGB LEDを接続してそのコードを書き、さまざまなパターン、色、アニメーションを作成した（図6-32）。2つのコンポーネントそれぞれがバグなしで動作することを確認してからそれらを結合し、両方のコードを合わせて最終的なフォームにまとめた（図6-33）。

図6-31
忘れものをするとカメレオンバッグが知らせてくれる。

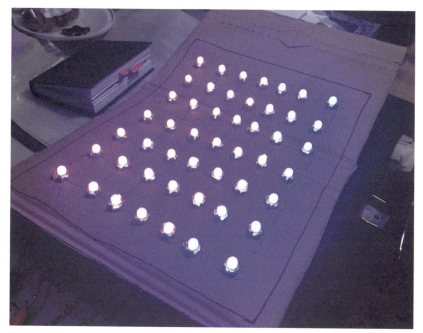

図6-32
最初にRGB LEDのコードを書いた。

図6-33
LEDとRFIDリーダーを接続してテストをおこなった。

　コンポーネントのプロトタイプにはもう1つ、類似のプロトタイプを製作してアイデアをテストするやり方がある。高価な、あるいは大型のコンポーネントの場合はなおのこと、コードやアイデアの実行可能性をテストするのに、必ずしも本物を使う必要はない。代わりのものを使って低忠実度のプロトタイプを作ればいいのだ。

　たとえばインタラクションデザイナーのリサ・ウッズは、ビジターが皿くらいの大きさのダイヤルを回して巨大なミューラルアート（壁画）の色を変えることができる、スケールの大きなエクスペリエンスを生み出したいと考えた。彼女はまず、ダイヤルではなく小型のポテンショメータとRGB LEDを1つ使って作業を始めた（図6-34）。

　類似のプロトタイプは、インタラクションパターンは同じだが、実行可能性を最初にテストするのにより妥当なスケールで作られている。もしアイデアがそれほど興味深くないとか、彼女のオーディエンスには効果がないとわかったら、それほど損失を出さないうちにプロジェクトを方向転換することもできただろう。このプロトタイプを完成させたのち、別のコンポーネントにコードを書き、実物大により近い大型のプロトタイプを製作することができた（図6-35〜36）。

図6-34
リサ・ウッズは類似のプロトタイプを作り、材料に大きな投資をすることなくアイデアをテストした。

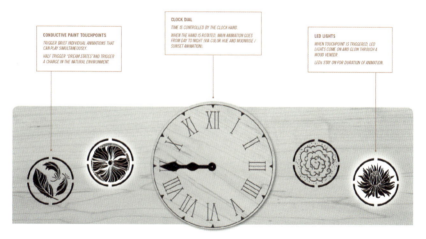

図6-35
ポテンショメータのプロトタイプが、インスタレーションアートのための時計の針のインタラクションへと進化した。

図6-36
LEDとRFIDリーダーを接続してテストをおこなった。

中忠実度のフィジカルプロトタイプ

あなたがこれから作るフィジカルプロトタイプはほとんどが中忠実度のものだろう。忠実度を上げられる領域はいくつかあるが、製品のエクスペリエンス全体を実現させるには複数のプロトタイプが必要かもしれない。特定のデザインの意図を伝える、あるいは仮説やアイデアの機能をテストするのに役立つプロトタイプの作り方を、いくつかの例をあげながら説明していこう。

コンポーネントのプロトタイプ

低忠実度の場合同様に、それほど複雑でないプロトタイプを複数用いて1つの大きなアイデアをテストすることができる。プロダクトエクスペリエンスの個々の部分をテストできれば、製品の機能をすべて完璧に再現できるまで待つよりも早く進められる。

プロセスのこの時点ではまだ、プロトタイプを作るのに、ブレッドボードに差し込める、もしくははんだ付けできる大きな電子部品を使っているだろう。人々に使っ

てもらうものなので、接続をより強固にする必要がある。ブレッドボードならテープでしっかりつなげるか、マイクロコントローラーと基板全体をケースに入れるかしよう。はんだで接着するなら、接合部をしっかりはんだ付けした後、さらに強化するために接合部分に熱収縮チューブを使う（図6-37）。回数を重ねるうちに、プロトタイプ製作にかける時間と特定のテストに必要な堅牢性のバランスがわかってくる。

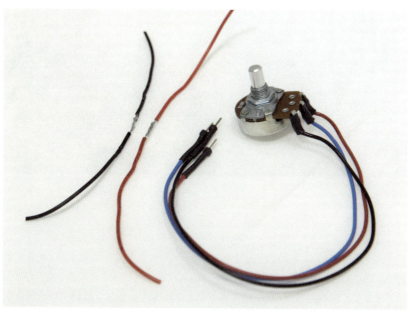

図6-37
左：むき出しのはんだ接合部、右：はんだ付けした部分を覆う熱収縮チューブ

　例として、アームバンド型のハプティック心拍計Tempoのプロトタイピングプロセスを掘り下げていく（図6-38）。開発中私は6つのレベルのプロトタイプを製作し、それぞれで製品の異なる部分をテストした。アームバンドの本来の目標は、心拍のリズムを活用してユーザーが目の前のタスクに集中できるよう力を貸し、生産性を向上させることだ。それを達成できる可能性を証明するには、テストしなければならない仮説が数多くあった。

　最初に作ったプロトタイプでは、回路とコンポーネントの設定をテストした。振動モーターの出力がうっとうしくはないか、電気的な感触が強すぎないか不安だったので、小型のTrinketマイクロコントローラーとブレッドボードを使って回路を作成し、テストした（図6-39）。いくつか異なる触覚モーターをテストして、この先どれを採用するかを決める参考にした他、バンドのプロトタイプの作り方の情報を得て

図6-38
完成したTempoバンド

次回のユーザーテストにも役立てた。
　次のプロトタイプには時間もコストもかけず、触覚刺激をユーザーの腕に与えることが可能かどうかをテストしたかった(図6-40)。最初のプロトタイプに書いたコードをほとんど再利用したので、所要時間はわずか15分、コストは15ドルに満たなかった。使ったのはTrinketマイクロコントローラー、コイン電池バッテリーパック、ポテンショメータ1つ、振動モーター2つ。このプロトタイプをユーザーに試し、脈動の振動パターンに対する最初の反応がいいか悪いかを確認した。ユーザーがこの初期のモデルを装着してより適切なフィードバックができるよう、バンドは緩くした。

図6-39
Trinketとブレッドボードでテスト用の回路を作った。

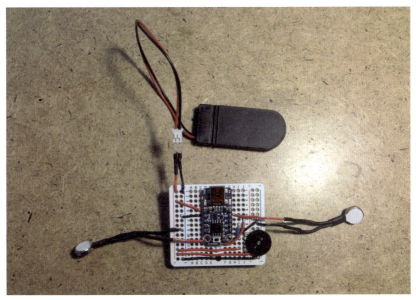

図6-40
触覚刺激をユーザーの腕で実行可能かどうかをテストした、2つ目のプロトタイプ。

プロトタイプを使った結果ユーザーがそうした刺激を嫌うことが判明していた可能性もある。その場合は時間や予算をほとんどムダにせずプロジェクトを方向転換できていただろう。実際には、バンドをテストしてユーザーが触覚出力を受け入れることがわかったので、次のプロトタイプの製作に移った。

　3つ目のプロトタイプはもう少し作り込まれたもので（図6-41）、常に持ち歩いてたくさんの人に試してもらい、多くのフィードバックを得ることができた。目的は、特定のペーシングレートをテストし、製品出荷時のデフォルトパターンを見つけることだった。私はプロトタイプをデザインし、数人のユーザーに長時間装着してもらい、彼らの仕事の能率やその他のアクティビティにどう影響を及ぼしたかを確認した。

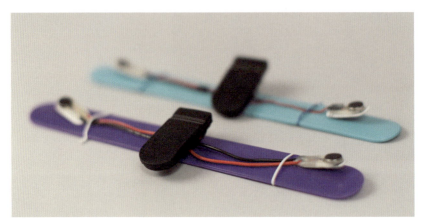

図6-41
3つ目のプロトタイプで特定のペーシングレートをテストした。

　以前と同じくTrinketマイクロコントローラーと振動モーターを使ったが、前回の経験から、プロトタイプを長持ちさせて継続的な使用に耐えられるものにするためにワイヤーを強化する必要があることがわかっていた（図6-42）。ユーザーが簡単につけて使えるよう、バンドはスラップブレスレット〔軽く叩きつけると自然にくるんと巻きつくバンド〕にした。

　得られた知見によると、あるペーシングレートは脈動のパターンが携帯電話の呼び出し音と同じで、その感覚はユーザーをギョッとさせたようだ。そうした反応を受けて、以降のプロトタイプでは振動のリズムを変更した。もう1つ明らかになったのは、ユーザーが意外なところにプロトタイプをつける場合もあるということだ（図6-43）。ほとんどの人が手首や前腕、上腕に巻いたが、足首や額につける人も数人いた。これらのインタラクションは、身体のさまざまなところに装着できるより柔軟なサイズのバンドデザインを考えるきっかけになった。

図6-42
振動モーターを熱接着剤で強化した。

図6-43
ユーザーは思いもよらないところにプロトタイプをつけた。

脈拍数を自分で管理したいというユーザーからのフィードバックをふまえて、4番目のプロトタイプには入力用のダイヤルをつけた。このプロトタイプの目的は脈拍の長さや脈拍と脈拍のあいだの長さをユーザーがどのように管理するかを確かめることだった（図6-44）。使用したのはより小型で堅牢なマイクロコントローラーのArduino Microと2つのポテンショメータ。設定をすべてアームバンドでするのではなく、アームバンドと振動モーターに長いワイヤーをとりつけて、"コントロールパネル"を別につけた。最終製品の外観とは異なるだろうが、ビジュアルの忠実度を低くすることで、プロトタイプのインタラクションをより正確にテストすることができた。このプロトタイプを数名のユーザーに渡し、仕事中に装着して心拍数をモニターしてもらった。

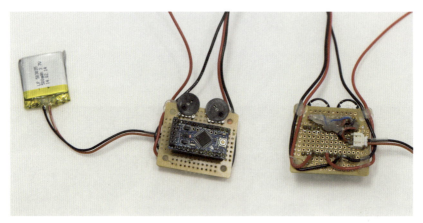

図6-44
このプロトタイプではユーザーが脈拍の長さの設定を変更できる。コントローラーの表と裏。

　コントローラーを別につけたのはユーザーに大好評だった。フィードバックから、彼らは最適な設定になるようダイヤルで調整し、さらに気に入ったパターンを保存して、実行中のアクティビティに合わせてそれらをいつでも使えるようにしたい（図6-45）という要望が判明したので、私は同時に取り組んでいたアプリのデザインにそれを反映させた。
　そのときのテストで驚きの知見が得られた。それは、各自がアームバンドを使いたいと思うアクティビティの多様性だ。瞑想やヨガ、ランニング、ひいては無音のメトロノームや手根管症候群の治療器具として使いたいという人もいた。このフィードバックのおかげで、私はユースケースの範囲を広げ、仕事の能率やスポーツ、音楽、治療を考慮に入れることにした。ユーザーテストの結果、製品の新たなオーディエンスを見つけ、新しい宣伝方法を思いついた。さらにはこのデバイスがもたらし

得る価値、投入・販売範囲の拡大の必要性を深く認識し、市場の拡大につながった。このフィードバックをもとに、この製品がさまざまなアクティビティでどのように使用されるかについて、テストしなければならない仮説がさらに増えた。

図6-45
脈拍パターンの管理や調整を、ユーザーはとても楽しんだ。

　5番目のプロトタイプはスポーツ時に使用する材料の研究のために作られた（図6-46）。もともとはオフィスや日常的なシチュエーションで装着されるバンドをデザインしていたが、製品のユースケースのスポーツへのリフレーミングは、難しいながらもやりがいがあった。このプロトタイプで目指したのは、材料がもたらす外観と快適性のテストだ。シリコンやクロロプレンゴムなど、いろいろな素材を検討した。どちらも手入れが楽で、肌に直接つける装置によく使われている。快適さのレベルと柔軟性を理由に、私はクロロプレンゴムでプロトタイプを作ることに決めた。整形外科用ブレース（矯正装置）に一般的に使用されているので、アームバンドで試してみたいと思ったのだ。
　私は最終製品に組み入れる電子機器を模した固い厚紙をバンドの内部に入れた。次に細部の色や金属ループなどの小さい部品を選んだ。マジックテープをクロロプ

レンゴムに縫いつけ、ゴム接着剤でクロロプレンゴムの2つの層をくっつけた。機能しないプロトタイプを作るときは、できるだけそれらしく見えるようなものを作らなければいけない。外観のテストで重要なのは、それが最終製品のアイデアのように見えることなのだ。

図6-46
スポーツ時の使用を考えて、クロロプレンゴムを材料にした。

　ユーザーの活動中にこのプロトタイプをつけてもらい、肌にとっての材料の快適性のレベルを測定した。ユースケースの実行可能性のテストでは、ランニングやヨガをするユーザーに装着してもらった（図6-47）。すると、バンドを引き抜いて折りたたむのは理想的ではない、バンドがやや大きいといったフィードバックが得られた。次回のイテレーションのために、より薄い部品を調達し、柔軟なサイズ展開の着け心地のいいバンドを作る別の方法をじっくり検討した。

図6-47
ユーザーはランニングやヨガをして材料のプロトタイプをテストした。

　6番目のプロトタイプは、それまでの5つのプロトタイプから得られた知見のすべてを活かし、最終製品と同じ材料を使い、同じ機能を盛り込んだ（図6-48）。目的は、最終的なプロトタイプをより長い時間、さまざまな活動を通して装着し、使用することだった。スマートフォンでパターンを調整できるように、より小型のコンポーネントと充電式バッテリーにBluetoothマイクロコントローラーを搭載した。

　このときは私と数名のユーザーで長期間の使用をテストした。私は会議やミーティングでもずっとつけていたが、バンドの脈動がもっとゆっくりしたペースで話すよう教えてくれたし、大人数の前で話すときに呼吸を忘れないようにするのにも役立った。

図6-48
最終プロトタイプではテスト結果をすべて結集し、完全に機能する製品デザインが完成した。

　このプロトタイプからは今でも得るものがあるうえに、投資家やメーカーと話をするときには私をよりプロらしく見せてくれる。オーディエンスが私のプロトタイプを盗んでしまおうかと言うのをしょっちゅう耳にするが、うれしい反応だ。そういう人たちは製品を買う可能性が高いからだ。これらのプロトタイプをミーティングや会議の中心に置き、エレクトリカルエンジニアや製造担当者との話し合いをうまく進めることもできた。実際に機能する、より大きなホビーサイズ版を提示できれば、プロダクションレベルのコンポーネントを調達するのはずっと容易になる。

　どのプロトタイプもそれぞれの特徴で製品の改良に役立ち、私は毎回の教訓を活かして、当初のユースケースの妥当性を検証して新たなユースケースを生み出し、完璧な機能と人間工学に基づいたデザインを備えるプロトタイプを製作することができた。ユーザー中心の反復的なプロセスを取り入れなければ、ゼロから最終的なプロトタイプを作ることは不可能だっただろう。このプロトタイプを製品にするための次のステップは、製造に適した仕様を開発し、最初の製品を作るための部品と人材を各企業と協力して調達することだ。

その他の例

たくさんのバージョンのプロトタイプを作る同様のプロセスは、ありとあらゆるスマートオブジェクトやIoT製品のクリエイターによって活用されている。1つの例がHammerheadのバイク用スマートナビだ（図6-49）。製品の機能や形状、アプリケーションのデザインを決定するまで、チームは何度となくイテレーションを重ねた。彼らが極めて忠実度の低いLEDインジケータのプロトタイプから取りかかったことは、写真を見ればわかる。ユーザーがライトの示す方向を理解できることが製品にとって最も価値ある要素なので、チームはまずそこにフォーカスした。

図6-49
Hammerheadのプロトタイプ

　LEDの配置を決め、チームは外被の作業にとりかかった（図6-50）。最初は箱型ケースでプロトボードをカバーしてみたが、LEDの光を拡散させるために研磨したアクリル樹脂をすぐに加え、さらに見やすくわかりやすくした。時間をかけてハードウェア——各種LEDとマイクロコントローラー——を改良し、光沢のある曲線状の外被をデザインした。そのあと、独自のプリント基板（PCB）と、完璧な製品仕様通りの外被の製造を指示した（図6-51）。

図6-50
Hammerheadのチームは低忠実度の外被を作り、より具体的な文脈のもとでアイデアをテストした。

図6-51
低忠実度でテストしたのち、チームは高忠実度の回路基板と外被を製作した。

次の例はIDEOが耳、鼻、喉の手術のための細胞用電動ディセクター"Diego"に施した革新的なユーザー中心のデザインだ。IDEOのデザインチームは外科医や技師とともに作業し、既存のツール、現在の問題、製造可能なものをデザインするための方法を理解した。外科医が既存のテクノロジーをどう使っているかを観察し、そのプロセスや現状のツールにあるペインポイントを突きとめた。既存のツールに関する文脈的調査からは、コードがしょっちゅう絡まる、いつも詰まってしまう、時間がかかるので手術後オペレーターが疲労するなどの知見が得られた。

　6名の外科医とのワークセッション中、彼らのフィードバックをもとにデザイナーは部屋にある材料を集めてテープで貼り合わせ、フィジカルプロトタイプを作った（図6-52）。外科医は忠実度の低いそのプロトタイプを動かして、提案されたデバイスの人間工学的な側面について意見を言うことができた。チームの目標は操作が簡単で長時間使用できる快適なハンドルの製作だった。プロトタイプによって、チームは目の前にいる外科医とアイデアを詳細にわたって議論することができたのだ。

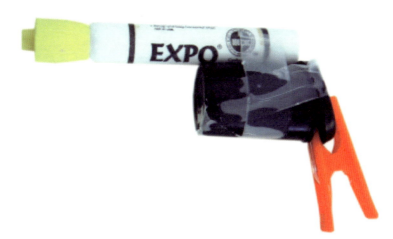

図6-52
デザイナーは外科医との作業中に、手近にある材料で医療機器Diegoのプロトタイプを共同で製作した。（写真提供：IDEO）

最終製品はすばらしい成功をおさめた（図6-53）。手術時間は短縮され、患者に必要な麻酔の量も抑えられた。新型Diegoにより企業の収益は3倍に、市場シェアは16％増えたうえに、[*1] 医療措置を著しく進歩させ、患者の回復を早めることができた。低および中忠実度レベルのプロトタイピングによってIDEOのデザイナーはクライアントとコミュニケーションを図り、最終デバイスを彼らがどう使うかを理解できた。

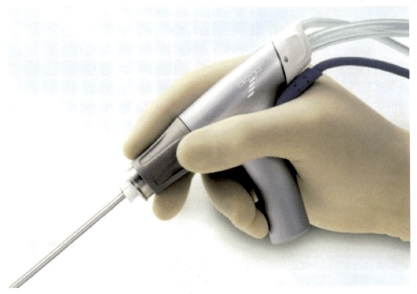

図6-53
最終的なDiegoデバイスは企業の収益を3倍に増やし、市場シェアを高めた。（写真提供：Olympus）

継続的な向上
プロトタイピングを繰り返し、製作するプロトタイプの数が増えてきたら、プロセスを改善し、より堅固なプロトタイプを作るための新たな技をいくつか取り入れる必要がある。

[*1] "Diego Powered Dissector System," Diego Powered Dissector System（2016年1月10日にアクセス）
https://www.ideo.com/work/diego-powered-dissector-system

はんだ付け

まず強化しなければならないのははんだ付けのスキルだ。十分な練習がいちばんの上達方法。私はYouTubeの動画をたくさん見て、仕上がった接合部の見た目や動きを細かく確認してから、スクラップワイヤーを使って練習した。何度もやってみるうちにスピードアップし、常に美しくはんだ付けできるようになった。

始めるにはいくつか必要な道具がある。はんだごて、はんだ、換気扇は必須で、他にこて台、クリップ、さらにはカッターやワイヤーストリッパー、ラジオペンチなどワイヤーを扱うときのツールを揃えよう（図6-54）。

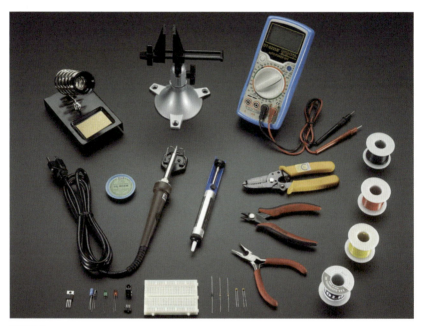

図6-54
はんだ付けの道具一式（https://www.adafruit.com/products/136）

はんだ付け作業に入る前に、このInstructable（http://bit.ly/2gPEbkK）に目を通すか、オンラインで山ほど公開されている動画を見よう。ただ読むよりも作業の様子を見て実践しながら学ぶほうがうんと簡単だ。さまざまな種類のワイヤー（ソリッドコアないしスレッドコア）や、廃棄された回路基板、パーフボードやプロトボード（ワイヤーやコンポーネントをはんだ付けするための銅メッキを施した穴の開いたプロトタイプボード）のはんだ付けをやってみる。金属パッドにこんもり盛り上がった完璧なはんだを作るには練習が必要なので、パーフボードをたくさん買って何度もやってみてから、最終的なコンポーネントのはんだ付けに臨むようにしよう（図6-55）。

6. フィジカルプロダクトのプロトタイピング ｜ 221

図6-55
手早く質の高い接合部に仕上げるには練習がいる。

プロトボード

ブレッドボード上で回路をテストしたのち、カスタムのプリント基板を作ってもらう用意ができる前に、プロトタイプ用にもっと頑丈な回路を作りたいと思うかもしれない。それにはワイヤーとコンポーネントをプロトボードにはんだ付けするのがいちばんいい。プロトボードにはパーフボードとストリップボードの2種類がある(図6-56)。前者は格子状に穴が開けられた板で、それぞれの穴に銅のはんだパッドがついている。後者にも同じはんだパッドに接続された穴があり、仕組みはブレッドボードと同様だ。ブレッドボードとまったく同じ見た目ながら、より薄く、ワイヤーのはんだ付けが可能なプロトボードも販売されている。

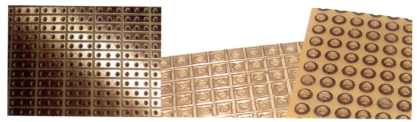

図6-56
プロトボードにはパーフボードとストリップボードの2種類がある。

　ほとんどの場合、私は回路をつけるプロトボードをカットして、ワイヤーを配置し（端を曲げて適切な位置に差す。図6-57参照）、裏のパッドにはんだ付けする。それから、直接はんだ付けする（マイクロコントローラーを抜き差しするためのヘッダーを基板にはんだ付けする）か、別のマイクロコントローラーのケースに接続するワイヤーをはんだ付けするか、いずれかの方法でマイクロコントローラーをプロトボードにつなげることができる。

図6-57
ワイヤーを曲げてプロトボードの裏に差し込み、所定の位置ではんだ付けしやすくする。

コピー

回路のはんだ付けができるようになったら、最後のアドバイスはプロトタイプのコピーを複数作ることだ。危険度の高いテストならばなおさら必要になる(図6-58)。私にはユーザーテストの直前、最中、直後に、プロトタイプが壊れた経験がある。ワイヤーが外れたり、はんだ付けしたつなぎ目が壊れたり、何かがどういうわけかうまくいかない。理由を解明するのも無理。予期せぬ落下や単なる不運のせいで、それまでの懸命な努力がすべて水の泡と化すのを見るのは腹立たしく、悲しい。気持ちを落ち着かせるため、そして備えを万全にするためにも、プロトタイプは2、3個コピーを用意しておこう。

図6-58
テスト中に万が一壊れたときのために、プロトタイプをいくつかコピーしておくと重宝する。

テストの最中にプロトタイプが壊れても、コピーがあれば中止せずにそのまま続行できる。予備のプロトタイプの価値は、それを作るのに要する時間をはるかに凌ぐ。コピーにさほど時間がかかるわけでもない。プロトタイプが壊れなければ2つのチームを同時にテストして、より多くのユーザーを対象に、より多くのフィードバックを得ることができる。

状況によっては、コピーを作る予算がないかもしれない(コンポーネントが極めて高価とか、期限まで時間がないなど)。そんなときは、はんだ付けのつなぎ目は丈夫かどうかさらに念入りに確認し、熱収縮チューブや熱接着剤でサポートと構造を強化し、テストの途中でコンポーネントが絶対に壊れないよう徹底を図ろう(図6-59)。

図6-59
熱収縮チューブと熱接着剤で接合部を強化し、確実にテストに耐え得る頑丈なプロトタイプにすること。

高忠実度のフィジカルプロトタイプ

高忠実度のプロトタイプには、それまで積み重ねてきたフィジカルプロダクトのアイデアのデザインからあらゆる成果を結集する。この時点では、ビジュアル、機能の幅や深さ、インタラクティビティ、データモデルの忠実度の高い電子プロトタイプを製作する準備はできている。以前ならばこれらの要素の1つか2つだけにフォーカスして特定の仮説をテストしただろう。しかし、テストによる製品の改良を終えた今、もっと多くの要素の忠実度を上げた完全なプロトタイプを作ることができる。

カスタム回路基板

プロトタイプ用や製品用のカスタムプリント基板（PCB）はオンライン注文が可能だ。カスタム基板には、特定の電気部品および表面実装部品に必要な正確な間隔、はんだ付けパッド、ペグホールがある。たいてい一般的なプロトボードより小さく、はるかに改良されている。SparkFunと同じ人々が運営するOSH Park（https://oshpark.com）をはじめ、低コストで回路基板を製造しているオンライン業者は（図6-60）、平方イン

チあたり5ドルで基板を3部コピーして12日以内に送ってくれる。とても便利なサービスで、デザインや製品を自分でコントロールできるようになる。

図6-60
OSH Parkからカスタム回路基板を妥当な価格で注文することができる。

　CADSoft EAGLEソフトウェアなどの互換性のあるCADソフトウェアを使って、回路基板を設計することもできる。ただし、ここまでのレベルの技術的作業に興味がない、責任を負えないというなら、誰かの力を借りてかまわない。忠実度の高いレベルでは、製品開発の複雑で専門的な側面は他の人と協力して取り組むか、他の人に頼んだほうがいい。高忠実度の電子機器についての詳細な情報は、アラン・コーエンの『Prototype to Product: A Practical Guide for Getting to Market〔プロトタイプから製品へ：市場投入のための実践ガイド〕』(O'Reilly刊)を参照してほしい。

　小型のコンポーネントを扱うもう1つの方法が、表面実装基板のはんだ付けだ（図6-61）。このタイプの基板はペグホールなしで表面へのはんだ付けが可能で、その結果回路基板全体が小型化する。薄いはんだごての先端を使って超小型部品をパッド上にはんだ付けする。マスターするには相当実践を重ねる必要のある高度なスキルだ。地域のエレクトリカルエンジニアに外注するか、既製品をオンライン購入してもいい。

　カスタムPCBのプリントとはんだ付けが完成したら、製品の外観や細かい機能に取りかかることができる。

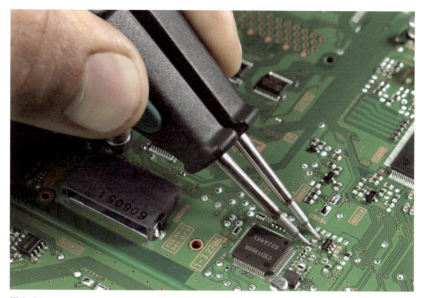

図6-61
表面実装基板にはペグホールがないので、より小さく、表面実装用のコンポーネントを使うことができる。

高忠実度のプロトタイプの材料

高忠実度のプロトタイプは材料を試しに使用し、テストするのに適している。材料には、表面の接触点や内部の支持物が含まれる。材料に加えて、フォームファクタや製品の各部分の構成材料の最終決定に向けた作業に取り組むことができる。

　このレベルでは、製品の最終的な形状をより適切に反映するよう、電気部品の外被をCNCフライス加工または3Dプリントで再現できる（図6-62）。3Dモデリングには基本の無料プログラムがいくつかあるが、経験豊富なインダストリアルデザイナーや3Dモデラーと協力し、プリントファイルの作成に力を貸してもらうのがいいだろう。そのときは彼らにこちらの意図を伝えるために、電気部品の最終的な大きさと形を考慮に入れながら、製品のおおよその形状をスケッチすること。前、横、上から見た形を描画して三次元の形状を伝える正投影図が役に立つだろう。もう1つのコミュニケーションツールとして、発泡スチロールや厚紙で形状研究用モデルを作ってもいい。

図6-62
OSH Parkではカスタム回路基板を妥当な価格で注文することができる。

　形状を3Dプリントで出力するかCNCフライス加工を施したら、次は表面の仕上げだ。ほとんどの3Dモデルは、レイヤーごとにプリントされているため、表面にうねりがある。外射出成形プラスチックやその他の製造プロセスをよりうまく説明するには、外側にやすりをかけて滑らかにすればいい。他の材料——布、革、ベニヤ板——があれば、それで形状を覆って最終製品のエクスペリエンスを最も効果的に表現する。CNCフライス加工した場合は、木または中密度繊維板なら軽くやすりがけするか、金属なら磨き、ペンキ、ゴムコーティング剤、あるいはパティナ〔古さやブロンズの光沢を出すための塗料〕を何層か塗って仕上げる。

　材料研究モデルは扱うことができる部品がどれくらい小さいかによって、実際の機能はあってもなくてもいい。いずれにせよ、最終的な設定で最終的な目的のために使用されているオブジェクトを必ずテストすること。ヨガの練習のためのスマートオブジェクトを作るとしたら、ヨガスタジオでテストして、材料研究モデルと機能的なプロトタイプの両方に対する反応を確認する。まず材料研究モデルを提示してユーザーに製品のルックアンドフィール〔外観と操作感〕を理解してもらったら、今度はそれと同じ外観を想像しながら、より大型の機能する電子的プロトタイプを使ってもらえばいい。

完成度の高いプロトタイプのプレゼンテーション

高忠実度のプロトタイプと材料研究モデルは、ステークホルダーや投資家に製品アイデアを提示し、検討を促す優れた方法だ。それだけ作り込んだものがあれば自分のアイデアに自信が持てるし、デバイスの機能や外観、挙動を十分に考慮したことを実証できるだろう。それはあなた自身がアイデアに高いレベルで投資しコミットメントしたことの表れでもある。アイデアを高忠実度のプロトタイプで提示するときは、ユーザーが誰で、製品で解決しようとしている問題が何かを必ず説明する。投資家はただプロジェクトの収益や純利益だけに関心があるわけではない。他とは一線を画す、際立った、明確な目的を持つ製品を望んでいるのだ。

　プレゼンテーションでは、ユーザーの視点からプロトタイプの機能について話そう。ユーザーにとっての独自の価値と、彼らがプロトタイプとどのようにインタラクションするかをわかりやすく説明するシナリオを決める。それから、高度に作り込んだ機能しないプロトタイプと、忠実度は低くても機能するプロトタイプの両方を提示して、多様なインタラクションを見せる。こうしたプレゼンテーションはアイデアの裏づけに役立ち、クライアントやステークホルダーの支持を勝ち取る力になるはずだ。

製造

プロセスのこの時点、いやもっと早い段階で、製造方法やプロトタイプがどのように最終製品になるかを学んでおく必要がある。製品を大規模に製造する方法や、最終プロトタイプを既存の製造方法にどう適合させるかについて、知っておかなければならない主な要素がいくつかある。たとえば、プラスチックを射出成形するときは、アンダーカット形状や指定した形状にすることができない。凸形状や凹形状があると二方向抜き金型から取り出せないからである。また、特定の製造方法のコストと仕上げの種類のバランスも身につけなければならないだろう。手彫りの木製筐体は、コストを考えたら大型の電子機器に使用するのは無理かもしれない。あるいは、製品デザインを少し変更するだけで、組み立てが容易になり、生産工数とコストを大幅に削減できる可能性もある。

　このテーマは本書で扱うにはやや深すぎるが、幸い参考になる他のリソースがある。ウィル・マクラウドの『Mechanical Engineering for Hackers: A Guide to Desig-ning, Prototyping, and Manufacturing Hardware〔ハッカーのための機械工学：ハードウェアのデザイン、プロトタイピング、製造ガイド〕』（O'Reilly刊）はハードウェアプロジェクトの作り方の全体像をつかむことができる。また、『Prototype to Product: A Practical Guide for Getting to Market〔プロトタイプから製品へ：市場投入のための実践ガイド〕』（O'Reilly刊）でアラン・コーエンは、製品開発プロセスと陥りがちな落とし穴の克服のしかたについて参考意見を述べている。

トラブルシューティング

プロトタイピングプロセスのいずれかの時点で(あるいはプロセスを急いで進めている場合は往々にして)、プロトタイプが壊れた、正しく機能しないといったことは必ず起きる。フィジカルプロトタイプの製作中に不具合が生じる可能性はありすぎるほどあるので、作るときもトラブルシューティングをするときも、徹底的によく考えなければならない。

プロトタイプの何がおかしいか判断がつかないときは、以下の2つのチェックリストをトラブルシューティングのガイドとして活用しよう。

まず、物理的コンポーネントをチェックする。以下の質問を確認してほしい。

- 接続部は完全に差し込まれているか。ブレッドボードのワイヤーとはんだの接合部をチェックする。
- ワイヤーは適切なピンに入っているか。回路をダブルチェックして、すべてが所定の位置に収まっているか確認する。
- バッテリーや電源から電力が供給されているか。電力が多すぎたり少なすぎたりしないよう、マルチメーターでワット数をチェックする。
- オーバーヒートしているコンポーネントはないか。軽く触って確認する。熱の問題がある場合はヒートシンクを追加する必要があるかもしれない。
- プロトタイプはショートしていないか。ショートとは、回路の一部がごく小さい抵抗で接続され、決められていない経路に電流、つまり電気が流れている状態のこと。回路が損傷したり、オーバーヒートしたり、部品が吹き飛んだりするおそれがある。ワイヤーが触れてはいけない箇所に接触していないかチェックする。

それでも動かなければ、コードを確認してデバッグする。コンパイルしてArduinoに送るコードには問題の有無が示されているはずだ。しかし、コンパイラーが検出しないコーディングの問題があるかもしれない。以下の質問を確認してみよう。

- スペルミスはないか。変数の名称とloopコードをチェックする。
- コードのフォーマットを混同していないか。セミコロンと括弧をチェックする。コンパイラーが検出するはずだが、ダブルチェックをすれば確実だ。
- 必要なライブラリはすべてコードの最初に呼び出されているか。
- すべての変数を正しく設定したか。

コードのささいな変更がプロトタイプをだめにするおそれがあるので、自分がし

ていることに常に注意を払う。トラブルシューティングはいつだってとても気が重いものだが、そのうちチェックのコツがわかってきて、フィジカルな要素が壊れないような頑丈なプロトタイプを製作できるようになるだろう。

成功例──リチャード・クラークソン

Richard Clarkson Studioのクリエイター兼シニアデザイナーのリチャード・クラークソンは、プロトタイプのことなら何でも知っていて、生活や仕事に日常的に取り入れている。ブルックリンを拠点とする彼のデザインラボは、新しいテクノロジーによる実験的な試みや、従来型の材料をさまざまな方法で画期的に活用し、オーダーメイドのインスタレーションや製品を生み出し続けている。

彼にとってプロトタイプとは、アイデアのコンセプトを進化させるすべてのものであり、材料を巧みに扱い、新しいアイデアを形にしながら掘り下げることまでが含まれる。リチャードはたいてい頭のなかで製品のアイデアをイメージし、それから複数のプロトタイプを作って改良し、消費者がすぐに使用できる形で現実のものにする。ステップを1つ進めるたびアイデアに磨きがかけられるのだ。彼が発表する製品の各バージョンもやはり、今後さらに改善されるプロトタイプだ。

いちばん成功した製品の1つがCloud Lamp（図6-63）。これは照明とBluetoothスピーカー、RGB LEDによるオーディオビジュアライゼーション、そしてモーション感知装置とのインタラクションの融合だ。この見事な製品は国際的な注目を集め、『Fast Company』誌、『Urbis』誌、『Wired』誌などで特集が組まれた。しかし、この製品は最初からすぐに市場に投入し大量生産ができるような完璧なバージョンだったわけではない。むしろ、リチャードが一連のプロトタイプと初期のバージョンに4年ものあいだ取り組み続けて、進化させてきたのだ。

図6-63
最も有名なリチャードの製品Cloud lamp（雲の画像はすべてリチャード・クラークソンが提供）

　このアイデアが具体的な形になったきっかけは、高級な常夜灯を作るというデザインスクールの「MFAプロダクト・オブ・デザイン」の授業の課題だった（図6-64）。リチャードがすぐに思いついたのが、光る雲のランプ——ふわふわして明るい——というソリューションだ。Arduinoを使ってアイデアのコーディングを掘り下げるために、小型の黄色いLEDをいくつかと綿毛を組み合わせて雲型のベースを作った。

図6-64
最初のプロトタイプはいくつかのコンポーネントを組み合わせ、コード作成やアイデアのテストを迅速にできるようにした。

このプロトタイプによって彼は必要なコードを理解し、書き、いろいろな点滅パターンをテストし、嵐の音などの機能を徐々に追加していった。

　リチャードは外観をふわふわにするための方法にフォーカスし、コードとコンポーネントに機能を追加して、最初のバージョンを最後の授業のプロジェクトのために作り込んだ（図6-65）。ただ光るだけでなく、Bluetoothスピーカーとコードを組み込んで、流れる音楽に反応して光るようにした（図6-66）。また、モーション感知器が波動を検知するとランプの下で嵐の音が鳴るようにしている。このバージョン1.1は最初、雲のような形と質感を出そうと綿毛をフェルト状にしたら、ぼさぼさの見た目になってしまった。完全に満足できる外観ではなかったものの、とりあえず完成させてあとから改良を加えるようにした。ブログに動作させたランプの動画と記事を投稿したところ、ソーシャルメディアやデザインブログで大きな反響を呼んだ。

図6-65
次のステップは最初のスマートCloudに完全な機能を組み込むことだった。

　Cloud 1.1ランプがマスコミを賑わし世間に評価されたのち、リチャードは地元ニューヨークのレストランのインスタレーションのためにCloudシリーズを製作するよう依頼を受けた。人々の前に長期間展示されるインスタレーションとして持ちこたえられるランプを作るため、内部構造とふわふわしたスタイルのデザインと堅牢性を再検討し、改良することに決めた。2つ目のバージョンの目標は、製作を容易かつ迅速にして（それまではCloudを彼自身が1つずつ手作業で作っていた）、コードをクリーンアップしてより効率化し、見た目のふわふわ感を増すことだった。

図6-66
BluetoothスピーカーとRGB LEDを組み込んだバージョン

　リチャードは別の内部構造を試した。大きな発泡スチロールをおおよそ雲の形に切り取り、なかに穴をあけて電子部品やスピーカーをおさめた（図6-67）。また、Cloudの異なる部分のためにより小型で性能の高いコンポーネント――展示スペースに雷雨効果を創出するためにすべての雲と調和するさまざまなライト――を調達した。最終的に、機能する雲を8つと、ライトのついていない小さい雲をいくつか作って展示スペースに設置した（図6-68）。

図6-67
リチャードは電子機器を入れる内部構造を新しく発泡スチロールで作り、外観のふわふわ感を向上させた。

図6-68
完成したCloud一式はBirdbathレストランに飾られた。

　リチャードが製作した次のバージョン、つまりプロトタイプは、熱心なDIY愛好家、テクノロジストやホビイストがニューヨークに一堂に会し、メイカームーブメントを祝福するフェスティバル、Maker Faireで披露された。そのときは時間をかけてもっと質の高い内部構造を構築することに決め、スピーカーシステムを新しくした。最初の2つのバージョンで試行錯誤した結果、発泡スチロールの内側の構造をもっと固くする必要があるとわかった。そこで金網を使っておおよその形を作り、大きな電子機器を入れる内部のスペースを増やしつつ、しっかりと支えられる構造にした（図6-69）。スペースにゆとりができたおかげで、低音を増強し上質な音を出す新しいスピーカーを組み込むことができた。その他にリモートレシーバーをマイクロコントローラーに取りつけて、明るさと機能を適切にコントロールできるようにした。

図6-69
3つ目のバージョンは新しいスピーカーシステムを保持できる頑丈な金属構造。

彼はリモート操作が可能なプロトタイプを作り、テストしたのちにディテールを決め、専用のケースを作った。完成したCloudをまるごとディスプレイするために明かりを消したコーナーが設けられ、通りかかった人たちに稲妻のショーを楽しんでもらった（図6-70〜71）。

図6-70
リチャードは2013年のMaker Faireで3つ目のバージョンを発表した。

リチャードはここまでに最初のデザインを相当進化させた——簡単に作れて、より構造的で、より上質のコンポーネントを使用し、より質の高いユーザーインターフェースを組み込んだ——ことに気づき、自分のスタジオウェブサイトで製品化しようと決めた。このバージョンでは製造プロセスをもう少し合理化したいと考え、デザインを洗練させながら材料コストや人件費を妥当な額に抑えるべく奮闘した。3つ目のバージョンの金網構造に代わる手段を数多く検討し、貝殻のような外部構造を真空成形〔加熱して軟化させたプラスチック材料を型に合わせて真空吸引する成形法〕するための型を作ることにした（図6-72）。鋳型を作り、一つひとつのCloudをまったく同じ形にしたので、リチャードと従業員はさらに効率よくCloudを組み立てることができた。

図6-71
雲の効果を制御できるリモコンも手作りした。

図6-72
リチャードは手作りのCloudを、LEDおよびスピーカー出力用の穴の開いた、真空成形した貝の形の鋳型で流線形にした。電子機器は貝のなかにぴったりおさまる。

ふわふわの見た目にしようといろいろと試した結果、リチャードは硬化剤と難燃剤で処理した低刺激性ポリエステル繊維を用いた特殊な技術を取り入れることにした。このプロセスにより、ふわふわがはがれたり、形が崩れたりしない耐久性の高い外観になった（図6-73）。そしてCloudのコントロールができる優れたIRリモート装置を見つけ、ようやく本格的なルックアンドフィールの製品が完成し、自ら長時間リモート操作しなくてよくなった（図6-74）。

図6-73
最終的に製品化されたCloudとリモート装置はリチャードのウェブサイトでただちに販売が開始された。

図6-74
さらに洗練されたリモコンを作った。

Cloudを4つのプロトタイプで進化させ、スタジオでそれらの販売に成功したリチャードは、製品ラインを拡大して相当な数のバージョンを作った。今でもSmart Cloudは販売されているが、売上額でいえば後継のTiny Cloudのほうが上回っている。先頃、スピーカーなしのRGBバージョンと照明をさらに簡素化したCloud Shadeバージョンをそれぞれ4サイズで、スタンドシステムをいくつかのサイズと設定でリリースした（図6-75）。

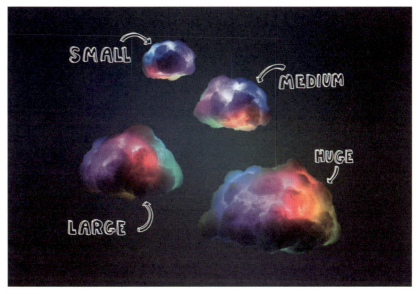

図6-75
現在リチャードは各種のCloudを自身のウェブサイトで販売している。

　製品ラインを広げた結果、リチャードはMythology、Two Hands、Take 31、ウルサ・メイヤーなどの他のアーティスト、ミュージシャン、テクノロジー、レストランとのコラボレーションの機会に恵まれた。そのうちの1つから生まれたのがCrealevの浮上技術で作られた空中に浮かぶ雲だ（図6-76）。彼によると、それまでにCloudのあらゆる不具合を解決してきたので、それはコラボレーションというよりむしろ一体化で、2つのコンポーネントのプロトタイプを統合して最終製品にするように、2つの製品を組み合わせればいいだけだったという。彼が作った概念実証は市場投入する新製品を生み出すための最初のステップだが、Cloudのベースを軽量化してより質の高いバッテリー技術を見つけるにはさらなる取り組みが必要だ。

　Cloudのさまざまなコンポーネントを試行錯誤した結果、リチャードはCloudそのものではうまく機能しなかった電子機器を使用する新しい方法を思いついた。

図6-76
浮かぶ雲の概念実証は現在最終製品の製作段階にある。

それから生まれたアイデアの1つが音楽と音を目で楽しめる照明器具、Saberだ（図6-77）。Cloudの視覚化コードを改良し、もう一歩進めて、特定の直線的なアニメーションを通じて長いバーチカルライトに音をより正確に表現した。

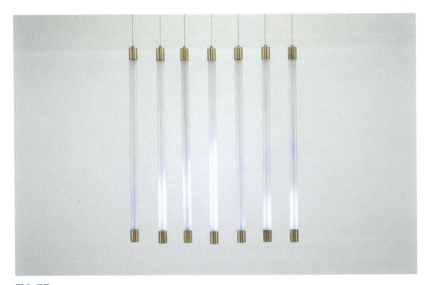

図6-77
Saberは音の視覚化を初期のCloudより一段進化させた。

全体を通して、Cloudを現実のものにする過程で、リチャードはそれぞれのバージョンを構造や電子工学、ふわふわした外観に新しいアプローチを試す機会として活用した。たとえ売り物だったとしても、各バージョンをプロトタイプと捉えたのだ。完成する前に作品を世に出したことで、彼は製作や進化のプロセスに関わりたいというパートナーや依頼者と出会った。また、顧客の反応をふまえて、バリエーションを増やすために新たな工夫を施し、製品ラインのさらなる多様化を図った。リチャードは今でも、画期的な新製品やプロトタイプを生み出すべく、実験を取り入れ、日々の作業に勤しんでいる（図6-78）。

図6-78
自身のスタジオにいるリチャード

まとめ

フィジカルプロダクトのプロトタイピングには、材料の選択、触感、電子工学、コーディングの機能など、いくつか専門的な要素がある。成功の第一歩は製品のユーザーフローと回路図の製作だ。それから最初のプロトタイプを作るのに必要な電気部品を購入する。

ブレッドボードの作成から始め、アイデアの低忠実度のプロトタイプを作って電気部品の機能をテストする。Arduino Unoとブレッドボードを使えば、ワイヤーを差し込んで回路を作るのは簡単だ。使用するマイクロコントローラーのコードを書く必要があるが、擬似コードを使えばどんなコードを書けばいいかを理解する助けになるだろう。巻末の付録に記載したリソースを参照すれば、プロジェクトに使えるチュートリアルやコードを探すことができる。

回路の製作に慣れたら、個々のコンポーネントのテストを構築できる。それぞれのプロトタイプを作れば、その機能とコードがきちんと動作することを確認できるだろう。コンポーネントを個別にテストすれば、それらを組み合わせるのが容易になり、あとからトラブルシューティングで大騒ぎすることも少なくなるはずだ。

中忠実度と高忠実度のプロトタイプの基盤は初期の回路のテストだ。テストを重ねるたびにデザインは磨かれ、機能を増やしていく。途中で忠実度の5つの要素——ビジュアルの精度、機能の幅広さ、機能の深さ、インタラクティビティ、データモデル——を高めることができる。高忠実度のプロトタイプを作り始める時点では、材料をテストし、製造方法についても考える準備ができている。形状研究モデルの製作または3Dプリントが必要ならば、力を貸してくれる協力者を見つけよう。カスタムプリント基板や3Dプリンタ用のAMFファイルを作るときも、助けを得ることができる。

本章のガイダンスとリソースを参考にすれば、製品アイデアの電子プロトタイプを自分の手で作れる力がついているはずだ！

第 7 章

プロトタイプのユーザーテスト

1個目だろうと100個目だろうと、プロトタイプを作ってテストしたいと思ったら、しなければならない準備がある。ユーザーテストは、理想的なユーザーにできるだけ近い、自分以外の人にプロトタイプを使ってもらい、特定の仮説の正当性を確認したり、あるいは提案するアイデアのペインポイントや問題、不明瞭な点を見つけたりするプロセスだ。ユーザーとプロトタイプの直接のインタラクションを観察すれば、"タスクの終了"だけに限らず豊富な情報が得られる。対面型のユーザーテストなら、いら立ちや喜び、困惑などの微表情を探り、フォローアップの質問でユーザーがそのように感じた理由を尋ねることができる。リモート型の場合、ためらいの声に耳を傾ければ、対面型とほとんど変わりなく、テストのテーマである疑問や仮説について多くの知見を得ることができる。どちらのテストも、直感的な使用とエクスペリエンスへの感情的な反応を検討する材料になる定量的、定性的データを提供してくれるのだ。

リサーチ計画の策定

効果的なユーザーテストの最初のステップは、リサーチ計画の作成だ。それには、テストしたい仮説、リサーチの目標、テスト対象者を知るための基本的な質問、あなたが聞かなければならない質問または仮説をテストするためにユーザーが果たすべきタスクを盛り込む。計画書は、テストが影響を及ぼすステークホルダーや事業目標のリストを含む正式なものの場合もあれば、テスト中に参考にするガイドのような気軽なものでもかまわない。正式な計画書を書くなら、Usability.govのテンプレートを参考にしよう（http://bit.ly/2gPHWGK）。これは注目度の高いプロジェクトや厳密な秘密保持契約（NDA）を交わしたプロジェクト、もしくは（医療情報の機密性と安全を保護する）医療保険の携行性と責任に関する法律の遵守を扱う医療プロジェクトのような

新たな体制のプロジェクトに役立つ。私の場合、それほど厳格な仕組みのなかで仕事をしているわけではないため、正式な計画書は作らないことがほとんどだ。目標と疑問を書くだけだが、テストを確実に実行する指針としては十分だろう。

仮説と目標

仮説をもとに問題に対処するプロトタイプをデザインしたのだから、テストすべき仮説が何かはすでに理解しているはずだ。もしまだわかっていなければ、まずユーザーがプロトタイプや製品をどのように使用すると思うかを正確に書き出し、あなたの製品を理解して使用するためにユーザーがおこなう最も重要なタスクを明らかにしよう。ユーザーフローをふりかえり、ハッピーパスからの逸脱点はどこにありそうかを確認する。プロセスの後半なら、より具体的なインタラクションやパターンについての仮説になるだろう。

　これらの仮説に優先順位をつけて、どれがソリューションの核となるか、問題を解決するソリューションに絶対にふさわしいかを決定する。テストする仮説を決めたら、リサーチ計画の目標を書く。たとえば、私が瞑想アプリを作るとしたら、"ユーザーはハンバーガーメニューに追加された瞑想を見つけることができるだろう"と仮説したうえで、"ユーザーが新しい瞑想メニューを見つけて選ぶことができるかどうかを判断する"という目標を立てる。

質問

ユーザーへの質問には、事前調査のための質問とフィードバックの質問の2種類がある。事前調査のための質問により、一人ひとりのユーザーを知り、職業的背景を把握し、テストに影響しかねない隠れたバイアスを探ることができる。たとえば以下のような情報を集めておきたい。

- 氏名
- 仕事内容
- チームのプロフィール(仕事用のソフトウェアの場合)
- 家での生活(ライフスタイル製品の場合)
- いつも使用しているソフトウェア／アプリ／スマートオブジェクトは何か。
- 最近使ったお気に入りのアプリ／スマートオブジェクトは何か。その理由は何か。
- (製品の目標)について考えるとき、何を重視するか。

　事前にこうした質問をしておけばユーザーは気楽に話ができるし、落ち着いてテストに臨めるだろう。会話のきっかけを作り、ユーザーに経歴や関心を率直に語っ

てもらうのに最適な方法だ。たまに、私はみんなをリラックスさせるためだけの軽い質問をすることがある。好きな映画やテレビ番組は何か、これまでに旅して気に入った場所はどこか。答えを特別何かに活用することはないが、話の流れをスムーズにするには最高の方法なのだ。

　フィードバックの質問はインタビューの要なので、リサーチ目標を達成するような質問を作らなければならない。その際、従うべきガイドラインがいくつかある。これらの質問の目的は、ユーザーとプロトタイプのインタラクションを促し、オープンセッションまたはクローズドセッション、いずれの場合も何をしているか、何を期待するか、どんな問題を抱えているかを話してもらうことだ。

　オープンセッションは探索的な意味合いが強いので、ユーザーにはあれこれ試しながら製品を使ってもらう。「あなたはこのページにアクセスして(あるいはこのフィジカルプロダクトを受け取って)、これについてもっと知りたいとか、使い方を身につけたいと思っています」と前提を説明し、思い思いのやり方で製品を使わせる。このタイプのセッションは、エクスペリエンスに関する全般的なフィードバックを集め、ユーザーが新しい形式の製品を直感的にどう使いこなすかを観察するのにもってこいだ。この場合、ユーザーが異なる機能を数多く試せるように、機能の幅の忠実度を高くする必要がある。

　目標に合ったより複雑なタスクやインタラクションを完了してもらわなければならないときは、クローズドセッションでユーザーを導きながら、決まった手順通りに進めさせる。このタスクが終わったので次はこれを始めてくださいというように指示をして、ユーザーにセッション中に特定のタスクをいくつかこなすように促す。広く浅くではなく1つの機能を深く掘り下げることができるように、機能の深さの忠実度を上げる必要があるだろう。第3章を読んで忠実度の5つの要素を再確認しよう。

　リサーチの質問を書くとき最も重要なルールは、「はい」や「いいえ」で答えさせない、自由回答形式の質問にすることだ。表7-1に示すような、知見が得られるように会話がスムーズに流れ続ける自由回答形式の質問を作っておかなければならない。

表7-1
「はい」「いいえ」だけで終わらない、自由回答形式の質問をしよう。

ダメな質問	いい質問
この製品を使いますか。	この製品はあなたの日常生活にどのように溶け込むと思いますか。
機能"A"は気に入りましたか。	彼らがその機能をどう使うかを観察し、「何が起きると期待していましたか」と尋ねる。
この製品は好きですか。	この製品の印象はどうですか。
この製品の好きなところは何ですか。	このエクスペリエンスの好きな点、嫌いな点をそれぞれ2つずつ教えてください。

　質問の作り方を身につけるには何度か実践してみる必要がある。詳しく知りたければ、エリカ・ホール著『Just Enough Research〔ちょうどいいリサーチ〕』(A Book Apart刊)をチェックしよう。彼女によれば、いい質問とはシンプルで具体的、答えやすく、実用的なものである。質問を書いたら、客観的な目で、バイアスがかかっていないか、特定の答えを誘導していないか、的外れではないかを評価する。質問の作成には注意を要する。正しく作らないと、ユーザーから適切なフィードバックを引き出すことはできないだろう。

　同僚に頼んで質問に目を通し、自分では気づけない隠れたバイアスを見つけてもらおう。「はい／いいえ」で答えられる質問や、問題をどう解決するか、ソリューションにいくら支払うかなどとユーザーに尋ねる質問は危険だ。そういった質問はあなたの仕事を押しつけているようなものだ！　ユーザーには情報を与えすぎず、言葉ではなく行動で何がほしいかを伝えてもらう。ユーザーの実際の行動と、彼らが"している、するつもりだ"と言う言葉は往々にして違うものだ。ユーザーがプロトタイプのさまざまな部分をどのようにナビゲートし、処理し、クリックするか、くれぐれも目を離さないように。

　あなたのソフトウェアまたはフィジカルプロダクトとのエクスペリエンスについて、ユーザーがオープンに話せるほど、そこから価値のある知見や知恵を見つけ出す可能性は高くなる。しかも最も洞察に富んだ会話はたいてい、テストが終わった直後、エクスペリエンス全体の印象を話しているときに生まれる。だから部屋を出るまで、会話の録音は続けることだ。

タスク

タスクは、やみくもにユーザーに製品を使わせたりせず、所定の仮説をテストできるようにリサーチを主導するもう1つの方法だ。タスクはユーザーにリサーチ目標と一致する目標を与え、ユーザーが想定された経路をたどってそれを完了させるかどうかを確かめなければならない。瞑想アプリの例でいうなら、"サービスを申し込み、さまざまな種類から1つの瞑想を選んで聴く"というタスクが考えられる。タスクを終える方法そのものを教えるのではなく、何を達成すべきかだけを指示する。与える情報は多すぎてはいけない！　ユーザーがあなたの仮説通りの行動をとるかどうかを観察しよう。

リサーチ計画（サンプル）

例として、瞑想アプリのリサーチ計画を紹介する。

目標と仮説

　　ユーザーが新しい瞑想を見つけて選べるかどうか見極める
　　ユーザーはメニューに瞑想リストを発見し、記載された情報に基づいて1つ選ぶことができると仮定する

ユーザープロフィール

　　瞑想初心者または中級者
　　先週1回以上瞑想した

事前調査のための質問

　　氏名
　　仕事の内容
　　瞑想が生活のなかで果たす役割
　　瞑想する頻度
　　使用中の既存の瞑想アプリや製品
　　それらのアプリや製品を選んだ経緯

タスク

　　あなたはこの瞑想アプリの使用を再開したユーザーで、今の気分にぴったりの新しい瞑想を見つけたいと思っています。新しい瞑想を選んでください。
　　あなたは瞑想を"聴き"終え、あとでまたアプリを開いてその瞑想を使いたいと思っています。どうやってそれを実現させますか。

これで終了です。今回のエクスペリエンスについて好きな点、嫌いな点をそれぞれ2つずつあげてください。

リサーチの実行

リサーチ計画を書いたので、実行の準備はできた。ここからはユーザーの見つけ方、テストセッションの実施方法などのベストプラクティスをいくつか説明しよう。

ユーザーを見つける

最初にしなければならないのはテスト対象のユーザーを見つけることだ。プロトタイプをテストするために人々に連絡をとるなんて気乗りしないかもしれないが、楽にできるコツがいくつかある。

いちばん障壁が低いのが、友人や家族のなかにペルソナに合う人はいないかをチェックすることだ。そうした人たちを最初にテストして初期リサーチをある程度終えられれば助かる。とはいえ、身近な存在であるがゆえに、彼らはあなたが必要としている鋭く建設的なフィードバックをしない可能性があることには注意が必要だ。彼らの役割はテストが適切に準備できたことを確認するための小手調べと心得よう。彼らのフィードバックはうのみにせず、面識のない別のユーザーによって裏づけをとるようにする。友人に頼むなら、外観が完璧すぎる高忠実度のプロトタイプよりも、全体像のフィードバックが必要な忠実度の低いプロトタイプのテストのほうが向いている。

特定のユーザーを見つけるベストな方法は、理想的なユーザーが出席しそうな集まりを探し、主催者に連絡をとって次回のイベントに参加していいか聞いてみることだ。前述の瞑想アプリなら、瞑想についての何らかの集会に出て、終了後に他の参加者にプロジェクトへの協力をお願いしてみるのが近道だろう。発売前に新製品をぜひ試してみたい、喜んでフィードバックに力を貸すという人がいかに多いか、驚くはずだ。そうしたイベントでは、私は関心を持つ人たちからのメールを集めて、一人ひとりとの個別のテストセッションを設定する。

共同作業スペースで仕事をするユーザー（起業家、スタートアップ、開発担当者など）なら、インターセプト・インタビュー〔巻末の用語集を参照〕をうまくやることができる。私なら、テストセッションに参加するボランティア募集のメッセージを載せたプレートと申し込み用紙を提示したテーブルを用意する。クッキーで人々を引きつけ、短いメッセージで好奇心をそそれば、十分な協力者が集まるだろう（図7-1）。それから、指定の時間に個室でインタビューをおこなう。この手のインタビューでは謝礼を支払う場合もある。

図7-1
オープンな共同作業スペースに設置し、ごほうびで潜在的ユーザーの気を引いて協力を求める。

　ユーザーを見つけるには、CraigslistやFacebookに広告を掲載するとか、人々に使ってもらえるような環境にプロトタイプを展示する（屋外用のスマートオブジェクトに最適）という手もある。ただし、そうやって一般の人々から広くユーザーを探すときには用心が必要だ。リサーチインタビューは必ず人々の目がある場所でおこない、1人だけでインタビューをしないようにすること。

　コンサルタントに報酬を払って、対面型ないしリモート型テストのために特定のペルソナに合うユーザーを探してもらうことも可能だ。しかしそうした人材派遣会社はたいていコストがかかるので、たとえばがん専門医くらい専門性がすこぶる高いユーザーを探すなど、他に方法がない場合を除いて依頼する価値はない。すでにリクルーターと委任契約を結んでいないか、あるいはリサーチ作業のためにリクルーターを雇えるか、会社に確認してみよう。

　さまざまなチームが新しいプロトタイプをテストできるよう、ユーザーを定期的にオフィスに招く企業もある。Etsyはセラーやバイヤーを招き、各製品チームがそれらのユーザーを対象としたテストに参加できる時間を毎週確保している。デザイナーは何をテストする必要があるかをそれほど前から把握するのは難しいだろうが、ユーザーと定期的に何度も接触する環境が整っているので、必要になったら1週間以内にテストを実行することができる。

マーケットアナリストや弁護士など、非常に多忙で活動的なペルソナに適したユーザーの場合は特に、参加してくれた時間に対価を支払うことができる。正式に言うならこれは「謝礼」、すなわち"ボランティアの立場で、もしくは本来料金を要求とされないサービスに"時間を提供する人に支払われるお金である。[*1] 謝礼にかかる税金などについて定めた所定の法律がいくつかあるので、参加者に謝礼を支払いたければ、その点を改めて調べてみなければならない。専門性の高い職業の場合はコンサルティング会社ないしリクルーターが謝礼を管理するだろう。それ以外のユーザーの場合は、業務の報酬ではなく協力に対する感謝のしるしとして、Amazonまたは地域のコーヒーショップなどのギフトカードを進呈するのがおすすめだ。

　また、UserTesting.comなどのオンラインのユーザーテストサイトを利用してリモートテストをおこなうことができる(図7-2)。これらのテストはあなたが仕切ってもいいし、モデレーターがいなくてもいい。モデレーターのいないテストでは、ユーザーがタスクをこなすと、スクリーンと音声が記録されるので、彼らがどんな方法でタスクを達成しようとしたか、タスクの実行中にユーザーは何を考えていたかをそっくりそのまま見て、聞くことができる。リモートテストサイトを利用するメリットは、テスト対象にしたい人のタイプを正確に指定でき、離れた場所にいる人々にプロトタイプを使ってもらえるところだ。一方で欠点は、モデレーターがいない場合は特に、テストの質をそれほどコントロールできないことと、ユーザーの追跡調査をして彼らの反応をさらに詳しく知ることができないかもしれないことだ。

[*1] Wikipedia, "Honorarium," https://en.wikipedia.org/wiki/Honorarium

図7-2
UserTesting.comは直接会わなくても幅広い人々をテストできる。

セッションの実施

リサーチセッションを成功させるには、始める前に必要なものを集めておこう。ユーザーに署名してもらう会社のNDAや同意書[*2]、プロトタイプ、最低でも音声を、できれば動画やスクリーンキャストを記録する手段、さらに理想をいえばあなたが質問やタスクを提示しているあいだにメモをとる人などが必要になるだろう(図7-3)。スクリーンを記録する際はQuicktimeやlookback.io〔モバイルにおけるユーザーリサーチのプラットフォーム。リモートでユーザーリサーチをしたり、ビデオチャットで参加者と操作中の画面をリアルタイムで共有したりできる〕を使用すると簡単だ。私は、ユーザー1人に対しファシリテーターが3人以上にならないよう心がけている。人が多すぎるとユーザーは気後れし、気楽に話ができないかもしれない。ただし、2人でやれればとても助かる。1人が質問やフォローアップを担当し、もう1人がユーザーの反応を記録できるからだ。

---

*2 Usability.govのテンプレート参照　http://bit.ly/2gQP0mR

図7-3
必要なものを揃えてテストを成功させる準備をしよう。

　1回のテスト時間を30〜60分とし、ユーザーがタスクを完了した結果、新たに浮かんだ疑問や期待について話し合う時間を十分に確保しよう。
　セッションの冒頭で、ユーザーにしてもらいたいこと、テストは答えの正誤を評価する場ではないこと、よりよい製品を作るためにユーザーのリアルで正直なフィードバックがほしいことをきちんと説明しよう。たまに耳に心地いい意見しか言わないユーザーがいるが、価値ある知見を探し当てるためには、その人たちの本音を掘り下げないといけないだろう。最初にユーザーテストのプロセスを紹介しておけば、ユーザーにテストの意図を理解させ、有益なフィードバックを得ることができるはずだ。
　また、はじめにセッションを録音（録画）する許可をもらい、最初から最後の瞬間までを必ず記録する。ユーザーが何を期待し、コンテンツに最初どんな反応をするか聞くことができるよう、ユーザーには考えたこと、思ったことを声に出しながら作業するように指示する。そうした経験のないユーザーには、Amazon.comなどのよく知られたウェブサイトで、試しにDVD購入タスクのプロセスを声に出して説明しながらやってみるよう求める。どんな知見も逃さないためには、こうしたアクティビティを通じてユーザーに正しい心がまえを身につけさせるべきだ。テスト中ユーザーがちょっとでも沈黙しているのに気づいたら、考えを声に出すよう念を押し、黙った瞬間に何を思っていたか尋ねよう。

困惑、興奮、いら立ち、おそれなど、ユーザーにとっさに表れる微表情に常に注意を払うこと（図7-4）。ユーザーの顔を記録すれば、表情が変わった瞬間に彼らが何をしていたかを分析できるだろう。それ以外にも、リアクションをさらに掘り下げて、そのとき何を見たか、何を思ったか聞いてみる方法もある。その瞬間何が起こると期待したか、期待と実際の経験はどう違っていたかを尋ねてもいい。あなた自身かチームの誰かが記録をとり、あとからそれを参照し、ユーザーが何をおもしろがったか／嫌ったか、プロセスのどこで混乱したかについて記録を補足しよう。

図7-4
微表情には、製品またはエクスペリエンスに対する反応が瞬時に表れる。

　よくいるのが、タスクそのものに集中せずに目にした問題に対する解決策を教えようとするユーザーだ。この手のユーザーはデザイン上の障害を解決しようとしてタスク自体から離れてしまう傾向にあるので、言葉でアドバイスしてタスクに戻るよう仕向けなければならない。"目標を達成するためには次に何をしますか"と聞くのがいいだろう。
　テストの最中は自分のボディランゲージや言葉のヒントに留意して、ユーザーの行為が正しいか正しくないかを過剰に教えないよう気をつける（図7-5）。テストには正解も間違いもない。重要なのはユーザーの反応なのだ。タスクを終える方法が正しい、正しくないということがユーザーに伝わってしまうような言葉づかいを無意識のうちにしないよう、気を配ろう。テストのときはユーザーのインタラクションを中立的な立場で観察し、結論をまとめるまで評価や問題解決は控えなければならない。

図7-5
ボディランゲージからタスクを達成する方法が正しいか、正しくないかが伝わってしまう場合がある。

　大半のユーザーに共通するパターンを見出すには、プロトタイプごとに最低でも4〜8回、オーディエンスが極めて多様だとか複数のペルソナがある場合はもっと多く、テストを実行するのがベストだ。有力なパターンが明らかにならなければ、さらにテストを重ねるか、リサーチ計画の一部を作り直して、適切な質問をし、正しいタスクを指示できるようにしよう（図7-6）。

図7-6
少なくとも4〜8回はテストをおこない、ユーザーがプロトタイプをどう使うか、どこで迷うか、どんなときにいら立つかを観察する。

リサーチ結果のまとめ

セッション後、できれば1日以内に、メモや記録をチェックして知見を得よう。思い出してほしいのだが、ユーザーがハッピーパスを外れたり、プロトタイプをうまく使えなかったりするのは、いいことだ！ 完成した製品を使うユーザーに起きる可能性のある問題を、製品の出荷前に見つけることができたのだから。改良できる領域を突きとめる、それがプロトタイピングとテストの主な目標だ。つまり、そのプロトタイプは作った価値があったのだ。

　フィードバックになりそうなメモや記録を付箋に貼るか、リストを作る。インタビュー全体をふりかえって付箋の山ができたら、すべてに目を通し、類似のアイデアをカテゴリー別にまとめる（図7-7）。これらのカテゴリーから、プロトタイプの何を改良できるか、次回はどんなアイデアを創出すべきかが明らかになるだろう。分類はチームメンバーに協力してもらおう。分け方がはっきりしない場合があるかもしれないが、ユーザーが遭遇した問題の解決方法について、明確な方向がある程度見えてくるだろう。

図7-7
観察結果はすべてカテゴリーに分け、重要な知見は何かの判断に役立てる。

次に、各カテゴリーの知見を書き出す。たとえば、CTA（行動喚起）のテキストがユーザーによって別の意味に解釈される、ユーザーが特定の機能を見つけることができなかった、初期設定の選択が容易でスムーズだった（プラスの意見もある！）といったように。問題領域または成功領域を明示しなければならないが、ソリューションの提案はここでは不要だ（図7-8）。知見をふまえて、問題に対するさまざまなソリューションを数多く検討する。ユーザーフローやナビゲーションパターンをよく精査する。ボタンのテキストとかビジュアルデザインを他にもいろいろ考える。この機会を使って、製品やインタラクションの改善の方向性に関する提案をまとめる。新しい仮説や疑問をテストする次回のプロトタイピングで、どの知見や提案を実装すべきか、優先順位をつける。

デザインの意思決定を、それぞれの裏づけとなるユーザーの発言やエピソード、優先順位の高い提案とともに文書にまとめる。プロトタイピングプロセスのこの時点では、リサーチ結果をプロダクトマネージャー、開発チーム、ステークホルダーを含むチーム全体に提示するのがベストだ。リサーチの結果は製品チーム全員に役立つし、彼らが知見や提案に関わっているほうが、特定の方向に進めたいと思ったときに、承認を得やすいだろう。

```
Insight

The top navigation gives clear indication of what future actions are. 👍

BUT

The order of operations is confusing and throws mental model off. 👎

"Like the idea of the breadcrumb and steps -     "Then it should be Train first, then test, then use."
beginning and end goal"

                                                                    Recommendation

- Replace 'use' with 'Try Out'
- Consider rearranging the order of operations
```

図7-8
得た知見を改善のための機会領域として提示できる。

　このテストプロセスは製品の改良、改良点のステークホルダーへの説明、ユーザー中心のデザインの維持に役立つ。少し時間をかけて計画を立てれば、1週か2週のスプリントサイクル、もしくはそれより長期のワークフロー（アジャイルのワークフローの場合はもっと長い。第1章のアジャイルのセクションを参照）の一環としてテストを実行することができる。

まとめ

　プロトタイプをユーザーでテストすれば、今のアイデアの何がうまく機能し、何が機能しないかを知る手がかりが得られる。理想のユーザーがあなたの製品とどのようなインタラクションをするか、具体的なフィードバックを得るすばらしい方法なのだ。セッションを仕切るにはリサーチ計画を立て、質問の内容とテストでユーザーに実行してもらうタスクを慎重に決める必要がある。
　リサーチセッション中は、必ず誰かにメモを取って記録させ、ユーザーに考えを自由に話してもらう。最もありふれた反応が最も本質を突き、改善につながる可能性があるので、微表情や興味深い使用法／ナビゲーションを見逃さないようにしよう。十分にテストをおこなったら、結果をまとめて製品の向上につながる知見を探す。そうした知見を活用し、提案を作ってチームに伝えてから次のプロトタイプの製作にとりかかる。そうすれば着実に改良を積み重ねていけるはずだ！

第8章

すべてを1つに——
SXSWテイスティングエクスペリエンス

　ここで紹介するのは、フィジカルとデジタル、両方のインタラクションのプロトタイピングを融合して1つのエクスペリエンスを生み出した事例だ。IBM Mobile Innovation Lab（MIL）は新しいテクノロジーをIBMの企業レベルのクラウド、IoT、および開発プラットフォームとどのように結びつけられるかを掘り下げている。事業部門全体と会社を前進させる画期的なプロジェクトを引き受け、開発し、新たなテクノロジーを企業に適用しようという試みに、いつも真っ先に挑戦するチームだ。

　2016年サウス・バイ・サウスウエスト（SXSW）カンファレンスに向けて、MILには参加者のために興味深いエクスペリエンスを創出し、ラボのデザイン能力と機械学習スキルを披露するという難しい課題が与えられた（図8-1）。チームの対象ユーザーの大半は、そのときはじめてテキサス州オースティンを訪れる。ユーザーはテクノロジー会社やスタートアップに勤務する人、もしくはデザインコミュニティの一員で、本当のオースティンを体験したいと思っていた。

　デザイン／開発チームは、フィジカルとデジタルの要素を融合させて、ユーザーのために包括的なエクスペリエンスを生み出さなければならず、かなりの数の人々と騒がしい環境に対処しなければならない制約があることを理解していた。エクスペリエンス全体をデザインして形にし、テストする期間はわずか5週間。そのため、迅速に進めてすぐに製作に取りかからざるを得なかった。

図8-1
MILはユーザー中心の反復的なプロセスにより、SXSWのためのインタラクティブなエクスペリエンスを創出した。

　チームはもともと、ユーザーの興味に基づいて、オースティンとその郊外や見どころを知ることができるエクスペリエンスを生み出そうとしていた。チームはカンファレンスの旅の側面に注目し、それを活かして世界中の人々をオースティンに集めるにはどうすればいいかを検討しようとした。スケジュールと、ユーザーの興味のリサーチの他に5週間で何ができるかを考えたのち、スコープを調整し、オースティンのクラフトビールを味わってもらうのが理想的なエクスペリエンスだと判断した。チームが目指したのはユーザーの味覚や好みにぴったりマッチしたビールの提案だ。

リサーチ

　このエクスペリエンスを構築する第1のステップは、ユーザーとビールの味に関して可能な限り多くのデータを集め、チームが食べ物や飲み物、季節の好みとビールの組み合わせを考案できるようにすることだ。アイーデ・グティエレス・ゴンザレスとベッカ・シューマンのユーザーリサーチ・チームはアンケートを作成し、対面インタビューとカードソートを実施して、約430人から回答を集め、ビールの味の好みについての「グラウンド・トゥルース」を確立した（図8-2）。「グラウンド・トゥルース」とは機械学習のアルゴリズムを訓練するのに利用される基本的情報のこと。このデータの質はアルゴリズムのアウトプットの質に直接影響を及ぼす。チームはリサーチ

に基づいて、正確な結果を出し、機械学習技術を通じてその結果を時間とともに向上させていくレコメンドエンジンを構築した。チームはさらにリサーチをおこない、サポートを得るために企業に働きかけた。豊富な品揃えと専門スタッフを擁する地元のビール販売店Whichcraftが顧客への新しいビールの提案方法について基本のデータを提供した。

図8-2
アイーデ・グティエレス・ゴンザレスとベッカ・シューマンはユーザーにカードソートをおこなった。

ユーザーフロー

初期リサーチの結果をもとに、チームはユーザーフロー図を作ってエクスペリエンスのさまざまなタッチポイントの説明に役立てた（図8-3）。ユーザーはまず食の好みを問う質問に答え、バーテンダー兼ファシリテーターが回答をiPadに入力する。ユーザーの答えに応じてレコメンドエンジンのアルゴリズムが3種類のビールを勧め、バーテンダーがユーザーに提供する。ユーザーは銘柄を知らされずにそれを飲み、好みの順にテーブルに並べる。ユーザーのテイスティング中は、それぞれの銘柄の特定にはつながらないような情報がビールカップから引き起こされ、大型ディスプレイ画面に表示される。ユーザーがいちばん好きなビールを選ぶと、画面には銘柄と追加情報が表示される。ユーザーの好みはエンジンのデータベースに保存され、将来のユーザーへの提案内容の改善に役立てられる。

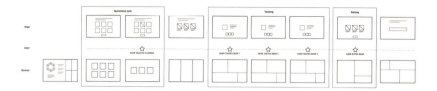

図8-3
チームはユーザーフローを作り、エクスペリエンス全体を把握し、範囲を決定した。

フィジカル要素

開発チームは、カップとビールの種類を画像認識させてシームレスなエクスペリエンスを創出するのに必要になると思われる、各種の物理的インターフェースとテクノロジーについてリサーチをおこなった。チームは、画面へのタッチではなく、物理的なテーブルとビールカップをユーザーにとっての主なインタラクションにしたいと考えた。カップを持ち上げてビールを飲む一連の動作にインタラクションが自然に組み込まれているため、チームはカップの配置をユーザーの最終的な評価システムの一部にすることに決めた。

　チームはまずRFIDセンサーとタグを評価し、ユーザーに特定の行動を要求する

図8-4
最初は特定のアウトプットを生じさせるRFIDセンサーの使用を検討した。

ことなく、必要なカップ情報が得られるかどうかを確認した（図8-4）。手短にテストをした結果、RFIDセンサーでは受信領域が狭すぎて、ユーザーが正確な位置にカップを置かなければならないので、理想的でないことが明らかになった。

　続いてチームはカメラを使用した画像認識アプリケーションを試した。カップの底を色分けし、アクリル製の天板に置く（図8-5）。テストを通じてただ色を変えるよりもっと明確な方法が必要と判明したため、代わりにQRコードを使用してみたところ、カメラ認識との併用が功を奏した。チームは今度、ユーザーがビールの注文と好みの評価をどのようにおこなうかをテストした（図8-6）。

図8-5
カップを天板に置くテスト

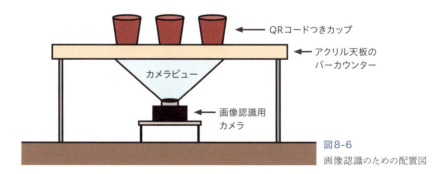

図8-6
画像認識のための配置図

デジタル要素

この時点で、チームの開発およびリサーチ担当は確実なグラウンド・トゥルースとインタラクティブサーフェスの構築を順調に進めていた。よってデザイナーはバーテンダー用のデジタルインターフェース、そしてデータの視覚化と独自のビール情報のためのディスプレイの製作を開始した。最初に作ったのは、一連の質問を表示してバーテンダーがユーザーの選択を入力できるタブレットアプリだ（図8-7）。調査は簡単だったので、デザイナーはすぐに中忠実度のワイヤーフレームに取りかかり、クリッカブルプロトタイプを作ってテストすることができた。エクスペリエンスを円滑に進めるには、読みやすく反応が迅速なものでなければならないため、これら2つを中心にテストを実行した。

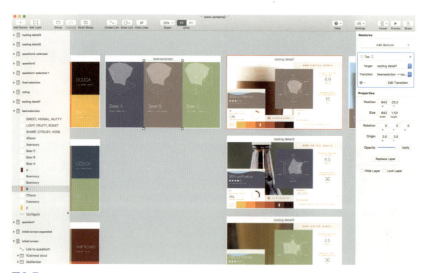

図8-7
デザイナーはバーテンダーのインターフェースのワイヤーフレームを製作した。

デザイナーは、シームレスな没入型のエクスペリエンスを生み出すには、データを可視化して表示するディスプレイのインターフェースにアニメーションと遷移を組み込む必要があることに気がついた。彼らは最初のテストとテイスティングのあいだ、そして銘柄非表示のビールが供されるあいだのデータの表示とフローの方法をデザインした。アニメーションは実装までにかなり長期の開発期間を要することを知っていたので、チームはIllustratorで作る静的ワイヤーフレームからSketchとFlintoの両方を使う動的プロトタイプの製作へと短期間に移行し、デザインをテストして磨きをかけていった（図8-8〜9）。

図8-8
デザイナーはSketchとFlintoでデータを可視化した。

図8-9
Apple TV内蔵の大型テレビでアニメーションをテストした。

デザインチームによる画面デザインのプロトタイピングと説明は、Sketchで中〜高忠実度のワイヤーフレームを描き、Flintoによってプロトタイプを作って、モーションを研究するというのが主なプロセスだった。デザイナーはデザインのスタイルガイドとレッドラインを自動作成するプラグイン、Zeplinにファイルをエクスポートしたので、開発担当者は実装に必要なすべての情報を入手することができた。

　チームが個別にプロトタイプを作ってテストしたエクスペリエンスの主要な要素の最後が評価システムだ（図8-10）。銘柄非表示のビールの評価方法については、チームメンバーがそれぞれ独自のメンタルモデルを持っていて、意見がまとまらない。最善の評価方法を見つけようとしてチームは行き詰まってしまった。スマイルの絵文字かハートや星のマークを使おうか。それとも、より厳格なデータポイントを収集して機械学習モデルを向上させるために、もっと複雑なマトリクスを作るべきだろうか。インターフェースを決定するのに最もふさわしい方法は、さまざまなバリエーションをユーザーにテストすることだった。

図8-10
チームは異なるビール評価の方法をいくつも考えたが、その最初がマトリクスだった。

　チームはユーザーに星とハートのマークを1回ずつ、合計2回、規則に従って並べて整理するよう指示し、A／Bテストを実施した（図8-11）。条件を同じにするために、途中でマークのテスト順を変更した。

　リサーチの結果、星マークによる評価が他の2つよりも直感的だと判明した。ユーザーが好みのビールの評価を整理しながら、カップをQRコードカメラの視野に正しく置くのに最適な方法がそれだったのだ。評価システムが決まり、オブジェクト認

識、バーテンダー用インターフェース、アニメーションによる可視化のためのテクノロジーが機能するようになり、ようやくチームがエクスペリエンス全体を総合的にテストするときがきた。

図8-11
ユーザーリサーチ・チームはA／Bテストを実施して評価システムの情報を集めた。

1つにする

チームは物理的環境が調査と評価のインタラクションに多くの文脈を与えることを知り、大型テレビの画面とアクリル天板付きのバーを設置してユーザーテストをおこなった(図8-12)。CNC研磨したベニヤ板でテレビスタンドを囲い、数時間かけディスプレイとテーブルのやすりがけ、塗装、仕上げをおこなった。次に評価システムとビールカップゾーンのビニール製テーブルマットのデザインを紙に印刷したり描いたりした。紙を使ったので、テスト結果をふまえてデザインや方向性を手早く変更することができた。評価システムのA／Bテストにも紙を用いた。プロセスの後半では、忠実度の高いビニールステッカーに印刷し、わかりやすいよう徹底を図った。

図8-12
チームはインタラクションとディスプレイのために十分な環境を整えた。

　チームはバーテンダー用のスクリプトを書き、実践して詳細——エクスペリエンスのさまざまなパート間の遷移や、テイスティングする3種類のビールを注ぎやすくするための環境設定——を微調整した（図8-13）。実践のかいあって、エクスペリエンスはスムーズに実行された（図8-14）。

図8-13
最終的にテストとデザインにかけた労力に見合うセットが完成した。

図8-14
エクスペリエンスはスムーズに実行され、大きな成果をあげた。

完成したエクスペリエンス

完成したテイスティングエクスペリエンスはSXSWカンファレンスで大好評を博した(図8-15)。チームは167人からビールについての助言を求められ、テイスティングのために500杯を超えるビールを注いだ。このデザインプロセスで最も成功したのは、デザイン、開発、リサーチ担当が効果的に協力してテストを実施し、プロジェクトを完了したことだと、アイーデ・グティエレス・ゴンザレスは言う。密接な協力により、チームは迅速に作業を進め、目覚ましい結果を残した。彼らはデザイナーや開発担当者だけでなく、実際のユーザーにとってわかりやすく楽しいエクスペリエンスを創出することができたのだ。

図8-15
完成したテイスティングエクスペリエンスは大成功。順番を待つ人たちの長い行列ができた。

まとめ

SXSWで成功をおさめたMILチームは現在、このエクスペリエンスの小売分野への適用に新たに取り組んでいる。チームが開発を進めているのは、ミーティングやミートアップで提示できるスーツケースバージョン、イベントやカンファレンスに運ぶポップアップショップバージョン、店内に設置してユーザーにあらゆる種類のおすすめ商品を提案する常設売場バージョンという異なる3つのスケールだ（図8-16）。このエクスペリエンス全体は実は1つのショッピング環境にシームレスに融合するだけでなく、一人ひとりに合わせた提案という新たな文脈をユーザーに与えるスマートシェルフ・コンセプトのプロトタイプである。

　チームは仮説を効果的にテストし、率直なフィードバックを活かしてテイスティングエクスペリエンスを向上させた。フィジカルとデジタルの要素を区別して同時に問題を解決していくことで、チームは作業を迅速に進め、より多くの仮説をテストすることができた。このテストが、チームがわずか5週間という作業期間で確固たる没入型のエクスペリエンスを実現することを可能にしたのだ。

図8-16
その後チームはコンセプトを各種のスケールとユースケースに拡大した。

　MILの成功は、チームが持つアイデアのプロトタイピングとテストの文化がユーザーのニーズを現実に満たす没入型の製品やエクスペリエンスの創出に役立つことを物語っている。その文化のおかげでチーム全員（開発担当者、プロダクトオーナー、デザイナーを含む）とのより密接な協力、そしてデザインの意思決定に対する現実的で確たる根拠への認識のすり合わせが可能になった。

第 9 章

私たちが学んだこと

さて本書も終わりに近づいた。あなたはきっと刺激を受けて、自分でもプロトタイプを作れるような気がしているはずだ。もうじき、仕事や生活のあらゆる領域でアイデアのプロトタイピングとテストがしたくてたまらなくなる。これからあなたは、自ら低忠実度でアイデアをテストして問題を認識し、改善していくようになるだろう。仕事におけるデザイン要件をユーザー中心の課題にリフレーミングすることもあるかもしれない。"私はデータ報告をエクスポートするのにこのウィジェットが必要だ"ではなく、"どうすればユーザーにとって最も直感的なデータ報告のインター

図9-1
毎日が明日をもっとよくすることができるプロトタイプ
(デザインおよび印刷:パトリック・チュー)

フェースを作れるか"と考えるようになるはずだ。光色を自動で変える装置や、誰かが鳴らしたらツイートするドアベルなど、楽しい電子製品を家で試しに作ってみるようになる可能性だってある。

あなたには多くの知識を身につけて、自分の状況に適したプロトタイプを作る能力に自信を持つくらいになっていてもらいたい。今のあなたは、何のプロトタイプを作るべきかちゃんとわかるし、プロトタイピングプロセスの基礎をしっかりと理解している。学びたいソフトウェアを選び、新しい知識をあなたの作るプロトタイプのフレーミングとスコーピングに適用することができる。

もしまだ挑戦していないなら、付箋を手に、新しいアプリのアイデアやデバイスのインターフェースの絵を描いてペーパープロトタイプを作ろう。あるいは考え続けてきた新しいスマートオブジェクトのユーザーフローを書いてみるのはどうだろう。本書を、行動を起こし、頭のなかにあるアイデアを形にするきっかけにしてほしい。リアルなユーザーの問題を解決する新製品を生み出せば、世界はもっとよくなる。そのためにどうすれば自分が貢献できるかを探り、作り始めよう！

付録A

リソースとリンク

チュートリアルと学習のためのソース

- Adafruit（https://learn.adafruit.com）

- AngularJS（https://angularjs.org）

- Arduino公式チュートリアル（http://bit.ly/2gNp7Ek）

- Basic electronics Instructable（http://bit.ly/2gQYdvm）

- Bento Front End tracks（https://bento.io/tracks）
  最良のオンラインリソースから集められた、動画やチュートリアルへのリンクつきのフルスタック・ウェブ開発トレーニングを無料で提供する

- Bootstrap（https://getbootstrap.com）

- Codeacademy（https://www.codecademy.com）
  サイドバイサイドでコードやディスプレイを説明する多くのコーディングコースがあり、学習し、コーディングしているものをすぐに確認できる

- Codepen（http://codepen.io）
  HTML、CSS、JavaScript、ディスプレイペインをサイドバイサイドで表示する無料のサンドボックス環境で、多数のオープンソースコードとアニメーションを利用できるコミュニティ

- SparkFunの電子機器学習シリーズ（http://bit.ly/2gPGuo4）

- Fritzing（http://fritzing.org/home/）

- Instructables（http://www.instructables.com）

- Lynda（https://www.lynda.com）
コーディングだけでなく、デザインやビジネスに関する豊富なトレーニングビデオライブラリを含む定額制購読サービス

- Makezine:（http://makezine.com）

- はんだ付けのチュートリアル（http://bit.ly/2gPEbkK）

- Sparkfun（http://learn.sparkfun.com/tutorials）

- Treehouse（https://teamtreehouse.com）
1000を超えるビデオ、クイズ、コード課題の定額制購読サービス

- Usability.gov（http://www.usability.gov）

- Usability.govの同意書（http://bit.ly/2gQP0mR）

- Usability.govのリサーチテンプレート（http://bit.ly/2gPHWGK）

- リモート型ユーザーテストのUserTesting.com（https://www.usertesting.com）

材料の購入先

- Adafruit（https://www.adafruit.com）

- AliExpress（http://bit.ly/2gPCd3K）

- All Electronics（http://www.allelectronics.com）

- Arduino Pro Mini（https://www.sparkfun.com/products/11114）

- Arduino Starter Kit（http://bit.ly/2gPzQOI）

- Bluetoothスターターキット（https://www.adafruit.com/products/3026）

- はんだ付けの道具一式（http://www.adafruit.com/products/136）

- Jameco（http://www.jameco.com）

- LightBlue Bean（Bluetooth対応マイクロコントローラー）（http://bit.ly/2hMhWg8）

- littleBits（http://littlebits.cc）

- OSH Park PCBs（https://oshpark.com）

- Makershed（http://www.makershed.com）

- モーターキット（https://www.adafruit.com/products/171）
- Particle（WiFiおよびセルラー対応マイクロコントローラー）（https://www.particle.io）
- LEDのレインボーパック（http://bit.ly/2gPEBrr）
- ロボット・キット（https://www.adafruit.com/products/749）
- センサー・パック（https://www.adafruit.com/products/176）
- SparkFun（https://www.sparkfun.com）
- Trinket（https://www.adafruit.com/products/1500）
- WiFiスターターキット（https://www.adafruit.com/products/2680）

お勧めの書籍と記事

- 12 Best Practices for UX in Agile（https://articles.uie.com/best_practices/andhttps://articles.uie.com/best_practices_part2/）
- 『Arduino Cookbook』（Michael Margolis著、O'Reilly、2011年）
- 『Arduino: A Technical Reference』（O'Reilly）
- リア・ヴェルーのコントラスト比ツール（http://leaverou.github.io/contrast-ratio/）
- 『Designing for Touch』（Josh Clark著、A Book Apart、2015年）
- 『Designing for Performance』（Lara Hogan著、O'Reilly、2014年）
- 『Designing Interface Animation』（Val Head著、Rosenfeld Media、2016年）
- "Doing UX in an Agile World"（https://www.nngroup.com/articles/doing-ux-agile-world/）
- メール通知ソフトウェアのプロジェクト（http://bit.ly/2gPEpsd）
- 『今日からはじめる情報設計―センスメイキングするための7ステップ』（アビー・コバート著、ビー・エヌ・エヌ新社、2015年）
- 『Web情報アーキテクチャ―最適なサイト構築のための論理的アプローチ』（ルイス・ローゼンフェルド、ピーター・モービル著、オライリー・ジャパン、2003年）
- 『Just Enough Research』（Erika Hall著、A Book Apart、2013年）

- 『ゲームストーミング―会議、チーム、プロジェクトを成功へと導く87のゲーム』（デイブ・グレイ、サニー・ブラウン、ジェームズ・マカヌフォ著、オライリー・ジャパン、2011年）
- Intro to Sass（http://bit.ly/2gPxKyf）
- Keynote animations Smashing Mag（http://bit.ly/2gPCF1W）
- Lean Business Canvas（LeanStack）
- リーンシリーズ（O'Reilly）
- 『Make: Electronics ―作ってわかる電気と電子回路の基礎』（チャールズ・プラット著、オライリー・ジャパン、2010年）
- 『「もの」はどのようにつくられているのか?―プロダクトデザインのプロセス事典』（クリス・レフテリ著、オライリー・ジャパン、2014年）
- 『Materials and Design』（Mike Ashby、Kara Johnson著、Elsevier、2014年）
- 『Materials for Design』（Chris Lefteri著、Laurence King Publishing、2014年）
- 『Mechanical Engineering for Hackers』（Will McLeod著、O'Reilly、2017年）
- 『Mobile First』（Luke Wroblewski著、A Book Apart、2011年）
- "Persona Empathy Mapping" by Cooper（http://bit.ly/2gPAT14）
- 『Programming Arduino: Getting Started with Sketches』（Simon Monk著、McGraw-Hill、2011年）
- 『Prototype to Product: A Practical Guide for Getting to Market』（Alan Cohen著、O'Reilly、2015年）
- Prototyping tools by Emily Schwartzman and Cooper（https://www.cooper.com/prototyping-tools）
- 『Responsive Web Design』（Ethan Marcotte著、O'Reilly、2011年）
- RGB LEDコードライブラリ（http://bit.ly/2gPDsA8）
- 『Running Lean―実践リーンスタートアップ』（アッシュ・マウリャ著、オライリー・ジャパン、2012年）
- UX for the Masses, "A step by step guide to scenario mapping"（http://bit.ly/2gPEMmB）
- 『UX戦略―ユーザー体験から考えるプロダクト作り』（ハイメ・レビー著、オライリー・ジャパン、2016年）

- Arduinoスケッチファイルのウォークスルー（http://bit.ly/2gPE7l2）
- Web Accessibility Toolkit（http://bit.ly/2gPEhZu）

画像引用元

- 図P-1：Doctorrow（http://bit.ly/2hiik7X）による"Rachel Kalmar's datapunk quantified self sensor array 2,"（http://bit.ly/2hi5ruv）はライセンスCC BY 2.0 に基づいて提供される（https://creativecommons.org/licenses/by-sa/2.0/）。

- 図P-2：Kelluvuusによる"JavaScript UI widgets library"（http://bit.ly/2hicBPy）はライセンスCC BY 4.0 に基づいて提供される（https://creativecommons.org/licenses/by-sa/4.0/deed.en）。

- 図1-2：prayitnophotography（https://www.flickr.com/photos/prayitnophotography/）による"F * R * I * E * N * D * S ~ Central Perk Café"（http://bit.ly/2hidgAr）はライセンスCC BY 2.0 に基づいて提供される（https://creativecommons.org/licenses/by/2.0/）。

- 図1-4：eager（https://www.flickr.com/photos/eager/）による"IMG_8871 - 2013-0518"（http://bit.ly/2himQDs）はライセンスCC BY 2.0 に基づいて提供される（https://creativecommons.org/licenses/by/2.0/）。

- 図1-5："OXO Good Grips Swivel Peeler" by Oxo.

- 図1-6：Kirby（http://bit.ly/2higELM）による"Aston Martin Shoe Sketch"（http://bit.ly/2hil1WT）はライセンスCC BY 2.0 に基づいて提供される（https://creativecommons.org/licenses/by-nd/2.0/）。

- 図1-9：Johan Larsson（https://www.flickr.com/photos/johanl/）による"App sketching"（http://bit.ly/2hi9AhU）はライセンスCC BY 2.0 に基づいて提供される（https://creativecommons.org/licenses/by/2.0/）。

- 図1-12：René Spitzによる"Ray und Charles Eames: Beinschiene, Modell S2-1790 . 1941"（http://bit.ly/2hidR59）はライセンスCC BY 2.0 に基づいて提供される（https://creativecommons.org/licenses/by-nd/2.0/）。Hiart による"LCW（Lounge Chair D22:E22）"（http://bit.ly/2hspK8O）のライセンスはパブリック・ドメインに属する。

- 図2-5：Business Model Alchemistによる"Business Model Canvas"（http://bit.ly/2higX9o）はライセンスCC BY 1.0 に基づいて提供される（https://creativecommons.org/licenses/by-sa/1.0/deed.en）。

- 図3-2：Dileck(http://bit.ly/2hseXey)による"Essai circuit préAmp (TDA2003) 1:1048576"(http://bit.ly/2hsrK0J)はライセンスCC BY-SA 2.0に基づいて提供される(https://creativecommons.org/licenses/by-sa/2.0/)。

- 図3-9：svofski(https://www.flickr.com/photos/svofski/)による"Let me show you Mah Ponk…"(http://bit.ly/2hsi8CW)はライセンスCC BY 2.0 に基づいて提供される(https://creativecommons.org/licenses/by/2.0/)。

- 図4-5："Setting up your Nest"(http://bit.ly/2hi6H0H)by Android Central.

- 図4-15：Unsworn Industriesによる"Bodystorming"(http://bit.ly/2hi8IKh)はライセンスCC BY-SA 2.0に基づいて提供される(https://creativecommons.org/licenses/by-sa/2.0/)。

- 図4-29：Etsyのショップ "Fell From Corvidia"(https://www.etsy.com/shop/fellfromcorvidia)。

- 図5-7："Mobile First"(http://bit.ly/2hia33E)by Brad Frost.

- 図5-9："Android Fragmentation Visualized"

- 図5-11：Rob Enslinによる"paper-prototype"(http://bit.ly/2hihnfY)はライセンスCC BY 2.0に基づいて提供される(https://creativecommons.org/licenses/by/2.0/)。

- 図5-14："Types of colorblindness"(http://bit.ly/2gQYfTW)。

- 図5-26：Samuel Mannによる"Projects Paper-based Prototyping and Functional Testing Part"(http://bit.ly/2hik94N)はライセンスCC BY 2.0に基づいて提供される(https://creativecommons.org/licenses/by/2 .0/)。

- 図5-29：andreas.triantaによる"b.ook - wireframes"(http://bit.ly/2hiaJGg)はライセンスCC BY 2.0に基づいて提供される(https://creativecommons.org/licenses/by/2.0/)。

- 図5-31："Wireframing Template Sketch resource"(http://bit.ly/2hiopBk)はライセンスCC BY 2.0に基づいて提供される(https://creativecommons.org/licenses/by/2.0/)。

- 図5-32："Move Mobile UI kit"(http://bit.ly/2hilgRI)by Kurbatov Volodymyr(https://gumroad.com/coob)。

- 図5-35：Priit Tammetsによる"eDidaktikum"(http://bit.ly/2hioFjM)はライセンスCC BY 2.0に基づいて提供される(https://creativecommons.org/licenses/by/2.0/)。

- 図5-46："The Sass syntax"(http://bit.ly/2hif10A)by smashingbuzz

- 図5-61：David Fulmer による"Cedar Point sky-view"(http://bit.ly/2hicl2Y)はライセンスCC BY 2.0に基づいて提供される(https://creativecommons.org/licenses/by/2.0/)。

- 図5-62：Jona Nalder による"beacons by jnxyz.education"（http://bit.ly/2hipB7x）はライセンスCC BY 2.0に基づいて提供される（https://creativecommons.org/licenses/by/2.0/）。

- 図6-4：Intel Free Press（https://www.flickr.com/photos/intelfreepress/）による"_WRK3525"（http://bit.ly/2hsp3MJ）はライセンスCC BY-SA 2.0に基づいて提供される（https://creativecommons.org/licenses/by-sa/2.0/）。

- 図6-7：Dlluによる"Arduino Uno"（http://bit.ly/2hiqvB6）はライセンスCC BY-SA 4.0に基づいて提供される（https://creativecommons.org/licenses/by-sa/4.0/deed.en）。

- 図6-9：Intel Free Press による"Wearable technology for the wrist"（http://bit.ly/2hikpAw）はライセンスCC BY-SA 2.0に基づいて提供される（https://creativecommons.org/licenses/by-sa/2.0/）。

- 図6-10："Misfit Shine"

- 図6-13："Examples of momentary switches"（http://bit.ly/2hilyIG）by Jimbo at SparkFun.

- 図6-20：Victoria.nunez2による"Protoboard Unitec"（http://bit.ly/2hijO1Y）はライセンスCC BY-SA 4.0に基づいて提供される（https://creativecommons.org/licenses/by-sa/4.0/deed.en）。

- 図6-52：IDEOのラフ・プロトタイプ（https://labs.ideo.com/about/）

- 図6-53：Olympus PK diego Powered Debrider System（http://bit.ly/2hsmpXh）。

- 図6-55：MJN123 による"Solderedjoint"（http://bit.ly/2hieLym）はライセンスCC BY 3.0に基づいて提供される（https://creativecommons.org/licenses/by/3.0/）。

- 図6-56：PeterFrankfurt による"Lochplatinen"（http://bit.ly/2hiplp0）のライセンスはパブリック・ドメインに属する。MichaelFrey による"PCB"（http://bit.ly/2hskEt3）はライセンスCC BY-SA 2.0 DEに基づいて提供される（https://creativecommons.org/licenses/by-sa/2.0/de/deed.en）。

- 図6-60："MINIFIGURE ATMEL SAMD21 BOARD"（http://bit.ly/2hJcl97）by Benjamin Shockley.

- 図6-61：Aisartによる"Soldering a 0805"（http://bit.ly/2hipEQN）はライセンスCC BY-SA 3.0に基づいて提供される（https://creativecommons.org/licenses/by-sa/3.0/deed.en）。

- 図6-62：La Tarte au Citronによる"3D printing at home"（http://bit.ly/2hitsS3）はライセンスCC BY-ND 2.0に基づいて提供される（https://creativecommons.org/licenses/by-nd/2.0/）。

- 図7-4：Icerko Lydiaによる"7 universal facial expressions of emotions"（http://bit.ly/2hiiqfF）はライセンスCC BY 3.0に基づいて提供される（https://creativecommons.org/licenses/by/3.0/deed.en）。

付録B

用語集

アジャイル
開発、計画、統合および根本的なチームによる協働を継続するプロジェクトマネジメント手法

As-isシナリオ
ユーザーの現在のプロダクトエクスペリエンスをステップごとに進めていき、プロセスの各ステップでユーザーが何をおこない、考え、感じているかを表すジャーニーマップ

Adafruit（https://www.adafruit.com）
あらゆるタイプの電子装置プロジェクトのコンポーネントやキットを販売するエレクトロニクス会社

インターセプト・インタビュー
普段通りの行動をしているユーザーに彼ら自身の問題について尋ねる、現場での短いインタビュー

概念実証（POC）
フィージビリティや市場への影響を判断するためにデザインされた製品アイデア、または理論の実証

回路図
電子回路内の要素を、リアルな絵ではなく抽象的なグラフィックシンボルを使って表した図

仮説
ある論点について、証拠はないが、何かが正しいとか何かが起こると考える信念や感情

共感マップ
ユーザーが何を考え、感じ、実行し、発言するかを検討することで、チームがユーザーに対する共感と深い理解を得るためのコラボレーションツール

グラウンド・トゥルース
機械学習アルゴリズムを訓練するための基本的情報

コードのフレームワーク
動的共有ライブラリ、nibファイル、イメージファイル、localized string、ヘッダーファイル、リファレンスドキュメンテーションなどの共有リソースを1つのパッケージにカプセル化する階層ディレクトリ（Bootstrap、AngularJS、Foundationを含む例もある）

実用最小限の製品（MVP）
市場投入、テスト、および開発を継続するための方法についての正しい知識を集めるのに十分な機能だけを備えた製品

実用最小限のプロトタイプ
最小限の労力で特定の仮説をテストする、またはアイデアを具現化する、一般的なプロトタイピングのアプローチ

謝礼
ボランティアの立場で、または本来料金を要求されないサービスに時間を提供する人に支払われるお金

情報アーキテクチャ（IA）
ソフトウェアやウェブサイトなど、共通の情報環境の構造的デザイン、ラベリング、および構成

ショート回路（短絡）

ごく小さい抵抗で接続され、決められていない経路に電流が流れている電気回路。しばしば部品が吹き飛んだり、意図せぬ問題が発生したりする

親和性マッピング

本来の関係や類似のトピックをもとにデータをグルーピングして分類する方法

スコープ

ある物事に関係のある領域または主題の範囲

スタンドアップ

チームが集まって各メンバーが前日に何を達成し、今日どんな作業をするかを発表する、アジャイルの毎日の定例ミーティング

スティッキーナビゲーション（固定されたナビゲーション）

ユーザーがスクロールしてもアクセスできるように、ブラウザトップに表示されたままのナビゲーションバー

ストリップボード

回路のはんだ付けを容易にするため、一方の面に銅ストリップがあるプロトボード

SparkFun（https://www.sparkfun.com）

電子コンポーネントやキットを販売するオンライン小売店

スプリント

アジャイルのスプリントとは、特定の成果を意識して計画される、一定の作業期間のこと。1週間から1カ月以内の期間に設定できるが、2週間が一般的

製品戦略

製品の特定の方向性に向けてチームを連携させ、意欲を高めるための、新製品のビジョン、目標、取り組みが含まれる

製品ロードマップ

将来実装される予定の機能など、特定の期間に製品をどのように作り込んでいくかを説明する調整ツール

Z-index
デジタルプロダクトのコンテンツをレンダリングしているときに、オブジェクトの階層化の順番を規定するCSS属性

忠実度
プロトタイプやエクスペリエンスが、ビジュアルの精度、機能の幅広さ、機能の深さ、インタラクティビティ、データモデルの5つの要素において最終製品にどの程度近いかを示す度合い

パーフボード
部品のはんだ付けを容易にするためにあらかじめ穴が開けられ、銅パッドがついた、電子回路のプロトタイピング用の薄い硬質シート

パターンライブラリ
ビジュアルデザインが施された、SketchやIllustratorなどのソフトウェアのコンポーネント、および開発担当者用のコーディングされたコンポーネントからなるユーザーインターフェースのデザインパターンのコレクション

パフォーマンス
ユーザーがウェブページをロードしたときのダウンロードおよび表示の速度

ハンバーガーメニュー
3本の横線で示されるボタン。一般にページメニューやナビゲーションオプションが隠れている

ビーコン
文脈情報や道順をセンサーに近い範囲にあるスマートフォンに送信する、Bluetoothを使った小型のセンサー

微表情
抱いた感情によって人間の顔に無意識に表れる一瞬の表情

Fritzing（http://fritzing.org/home/）
回路やプリント基板（PCB）をデジタルでデザイン、製作、テストするためのオープンソースツール

プリント基板（PCB）
特定のコンポーネントと回路が仕上げ面にすでに埋め込まれた、またはエッチングされたカスタムボード

プロトタイプ
時間をかけて改良する目的で、他者に伝えるかユーザーにテストできる形でアイデアを具現化すること

プロトボード
回路をしっかりはんだ付けできるプロトタイピングボードの一般的な名称。パーフボードとストリップボードの2つが最も一般的

文脈的調査（コンテクスチュアル・インクワイアリー）
ユーザーが自身の環境で通常の活動をする様子をリサーチャーが観察し、彼らが特定の方法でタスクを完了させる理由をフォローアップでたずねるリサーチ手法

ペインポイント
既存の、または新しい製品やエクスペリエンスに対してユーザーが抱えている実際の問題、あるいはユーザーが認識している問題

ペルソナ
リサーチと観察結果をふまえて設定される、特定のタイプのユーザーの概要。コミュニケーションのためや、デザインプロセスを通して常にチームをユーザーの特定の目標に注力させるために使用される

ボディストーミング
チームで特定のユーザーや状況をロールプレイし、ユーザーが現時点で問題にどう対処し、あなたの新しいアイデアとどのようなインタラクションをし、どう反応する可能性があるかを理解する、パフォーマンス重視のアイディエーション

マルチメーター
電流、電圧、抵抗など、複数の機能を切り替えて計測する機器

Maker Faire
熱心なDIY愛好家、テクノロジストやホビイストが一堂に会し、メイカームーブメントを祝福するフェスティバル

メンタルモデル
ある物事が現実にどう機能するかについての個人の思考プロセス

ユーザーフロー
タスクの完了や目標達成のために、ユーザーが製品を使うときにたどる経路

ユーザー中心のデザイン（UCD）
システムを学び、使用するために考え方や行動を合わせるようユーザーに要求するのではなく、人間であるユーザーが製品をどう理解し、使用するかの観点から製品をデザインするプロセス

リーンキャンバス
ビジネスモデルキャンバスの応用。製品やそれが販売される市場の理解を深めてビジネスモデルを確立するのに役立つ

littleBits（http://littlebits.cc）
すべての年齢の子ども向けに、使いやすい磁気コンポーネントを販売するエレクトロニクス会社

レッドライン
開発担当者がデザインを容易に実装できるよう、デザインの成果物に寸法や色、インタラクションを指定して注釈をつけるコミュニケーションツール

レトロスペクティブ
アジャイルのスプリント終了後におこなわれるミーティング。完了した作業をふりかえり、何がうまくいったか、今後のスプリントに向けて改善すべき点はどこかを評価する

ロードマップ
今後6カ月〜1年間かけて1つの製品におこなう作業を、優先順位をつけた小さいまとまりごとに説明する文書

ロレム・イプサム

実際のコンテンツが利用できるようになるまで、レイアウト作業で一般に使用されるダミーテキスト

ワイヤーフレーム

デジタルプロダクトの骨組みのフレームワーク、またはページレイアウト。ワイヤーフレームの目標に応じて、低忠実度か高忠実度で作ることができる

索引

1 2 3
3Dプリント　　201, 227

A
A／Bテスト　　19, 86
　利点　　129, 158-159
　Etsyの事例　　96
　IBM MILの事例　　266-267
Adafruit　　283
　Adafruitのキット
　　　　171-173, 176-177, 187, 194
　リソース　　189, 201, 275
　ライブラリ　　196-201
Adobe Illustrator
　　　　116, 142, 152-153
Adobe Photoshop　　116, 142
AfterEffects　　117
AliExpress　　189
All Electronics　　189
AngularJS　　149

API　　13
Arduinoマイクロコントローラー
　　　　177, 188-189, 191
　コード　　194-201
　チュートリアル　　201
ardumailプロジェクト　　199
As-Isジャーニーマップ　　24-25
Axure　　49, 134-135, 155

B
Balsamiq　　135
Bento Front End tracks　　147
Blink　　195-196
Bluetoothマイクロコントローラー　215
Bootstrap　　149

C
CADSoft EAGLE　　226
Cloudランプ　　231-242
CNCフライス　　49, 227-228
Codeacademy　　147

Codepen	148	IBM Mobile Innovation Lab(MIL)	159-170, 259-271
Cooper.com	135	IDEO	219-221
Craftプラグイン	101-102, 158	"if this then that"アプローチ	185-186
Craigslist	249	if/thenステートメント	197
CSS	108, 117, 129, 144-147	Indigo Studio	135
CTA(行動喚起)	27, 56, 64-65, 115	Instructable	183, 201, 221
		InVision	135
		IoT	171-172, 217-219

D

Diego　219-221

E

eBay　189
Etsy　90-97, 249

F

Facebook　249

G

Gemma　188
Google Material Designシステム　103

H

Hammerheadのバイク用スマートナビ　217-219
HotGloo　135
HTML　116, 129, 144-147, 186

I

IA(情報アーキテクチャ)　11, 42, 122, 124-127, 284

J

Jameco　189
Justinmind　135

K

Keynote　115, 135
"Kill Your Darlings　34

L

LightBlue Bean　189
littleBits　171, 174-175, 288
loop関数　195-197
Lynda　148

M

Maker Faire　235, 288
Maker Shed　189
Makezine　201
Marvel　134, 135
MVVM　166

N

NDA（秘密保持契約）	251

O

Objective-C	166
OSH Park	189, 225-226
OXO	8

P

Pattern	90-97
Photon	189
Pixate	116
PNG	142
PoP	134, 136
Post-it Plus	71
Principle	116-117, 136, 143
Proto.io	134, 136
Python	199-200

Q

QRコード	263, 266

R

Raspberry Pi	188, 199
Reactive Cocoa	166
RFIDセンサー	202-203, 262

S

Saber	240-241
Sass	145
Segway	18-19
Sketch（ソフトウェア）	
Etsyの事例	94
IBM MILの事例	264
インターフェースのデザイン	100-102
高忠実度	116, 152-154
中忠実度	116, 140, 159
Smart Cloud	239
Smashing Mag	116
Solidify	136
SparkFun	171, 285
Sublime Text	146-147
SVG	117
Swift	160-162, 165-166
SXSWカンファレンス	259-271

U

UserTesting.com	250
UXPin	134, 136

W

Whichcraft	261

X

Xcode	160-161

Y

YouTube	201, 221

Z

z-index	103, 286
Zeplin	29-30, 154-155, 266

あ

アイコン	65
アイディエーション	69-72
アクセシビリティ	52, 111-114
アジャイル	13-16, 50, 283
犬用モーションセンサープロジェクト	62, 66-69, 185-186
インタラクションのデザイン	103, 108-111
インタラクティビティ	4-5, 56-58, 66
ウェアラブル	10, 59, 84, 174-175
ウォーターフォール	15
オーディエンス中心	77-82
オープンセッション	245

か

カードソーティング	40-41, 125, 260-261
回路基板	184-187
回路図（スケマティック）	172, 184-186, 283
仮説中心	75, 82-88
カメレオンバッグ	202-203
キーボード専用入力	111, 113
機械学習	259-261
擬似コード	186, 198-202
機能の幅広さ	51, 242
機能の深さ	54-56, 152, 183
共感マップ	23-24, 284
グラウンド・トゥルース	260, 284
クリッカブルなプロトタイプ	
高忠実度	154-159
中忠実度	140-145
低忠実度	126, 133-139
グレースフルデグラデーション	105-106
クローズドセッション	245
コーディングプロトタイプ	
高忠実度	159-162
中忠実度	144-150
低忠実度	66
コラボレーションソフトウェア	71
コントラスト比	111, 113
コンポーネントのプロトタイプ	
低忠実度	202-206
中忠実度	206-217

さ

サイトマップ	126
材料研究モデル	228
ジェスチャー	108-111
視覚障害	111
色覚異常	111-113
実用最小限のプロトタイプ	13, 62-70, 284
ジャーニーマップ	24-25

謝礼	248-250, 284
自由回答形式	245-246
ショート（短絡）	230, 285
シンタックスハイライト	146-147
心拍計 Tempo	46-47, 84-92, 202-217
親和性マッピング	71-72, 285
スクリーンリーダー	111, 113-114
スケルトン	143-144
スコープクリープ	100
スタンドアップ	15, 285
スティッキーナビゲーション	19, 285
ストーリーボード	40-41, 63-64, 115, 119
スプリント	15, 285
スライスツール	142
製品戦略	12-13, 20-22, 285
ソースコード	148

た

対話型アシスタント	110
データモデル	58-60
デジタルプロダクトのナビゲーション	19-20, 33, 40-42, 64
天気アプリ	79
同意書	251
トラブルシューティング	178, 202, 230

な

認識機能障害	111
ネットショッピング体験のユーザーフロー	63-65

は

パーフボード	222-224, 286
バイアス	23, 30, 158, 246
パターンライブラリ	149, 286
ハッピーパス	88, 119
ハンバーガーメニュー	19, 286
ビーコン	162-163, 286
ビジュアルの精度	52-53
微表情	243, 253, 286
ファシリテーター	110, 251
フィーチャークリープ	100
付箋	69-72, 120, 130, 255
ブランドアイデンティティ	114
プリント基板（PCB）	184, 217, 225-227, 287
ブレインストーミング	74, 76, 89
ブレークポイント	107-108, 127
ブレッドボード	184-187, 194-195
メール通知の例	192-193
マイクロコントローラー	190-192
犬用モーションセンサーの例	67
プログレッシブエンハンスメント	108
プロトタイプの語源	1
プロトボード	222-223, 287
文脈的調査	91, 219, 287
分類	71-72, 125, 255-256
ペアデザイン	129

ペインポイント
　　　23, 24, 62-63, 92-93, 219, 287
ペーパープロトタイプ
　　デジタルプロダクト
　　　　　　　　　130-133, 136-137
　　Etsyの事例　　　　　　　　94
　　IBM MILの事例　　　　163-164
　　低忠実度
　　　　　　27, 66-67, 123-124, 130-133
ペルソナ　　　　23-24, 82, 121, 287
ホットスポット　　　134, 137-139, 143
ボディストーミング　　　　　74, 287
ボディランゲージ　　　　114, 253-254
ポテンショメータ
　　　　　　　　85, 87, 204, 208, 212
ホバー効果　　　　　　　　　　108

ま

メール通知　　　　　192-193, 198-201
メンタルモデル　　　　　　　23, 288
　　デジタルプロダクト　　　114, 126
　　低忠実度のプロトタイピング
　　　　　　　　　　　　　　40-41
　　ナビゲーション
　　　　　　　19-20, 33, 40-42, 64

や

ユーザー中心　　　　　　　　　288
　　Etsyの事例　　　　　　　　96
　　Tempoの事例　　　　　207-217

ユーザーフロー　　　　63, 118, 288
　　ボディストーミング　　　　　74
　　デジタルプロダクト　　　118-121
　　Etsyの事例　　　　　　　93-94
　　IBM MILの事例　　　　261-262
ユビキタスコンピューティング　xviii

ら

リーンキャンバス　　　　　　20, 288
リサーチ計画　　　　68, 86-87, 243-254
リチャード・クラークソン
　　　　　　　　　　　201, 231-242
レスポンシブデザイン　　　　105-108
レッドライン　　　28-29, 129-130, 288
レトロスペクティブ　　　　　15, 288
ロードマップ　　　　　　　20-22, 288
ロールプレイ　　　　　　　　　74
ロレム・イプサム　　　　　　58, 289

わ

ワイヤーフレーム　　　　　　　289
　　デジタルプロダクト
　　　　　　　　　127-131, 264-267
　　Etsyの事例　　　　　　　　94
　　IBM MILの事例　　　　264-265
　　高忠実度　　　　　　　129-130
　　中忠実度　　　　　　　　48, 264
　　低忠実度　　　　40, 122, 127-131

著者紹介

キャスリン・マッケルロイ（Kathryn McElroy）はテキサス州オースティンのIBM Mobile Innovation Labのデザイナー〔現在はargo designのクリエイティブディレクター〕。デザイナーやフォトグラファーとして受賞歴を持ち、近い未来のテクノロジー、人工知能、スマートオブジェクト、オープンハードウェア／ソフトウェアに情熱を傾けている。『Make: Magazine』誌、『Fast Company』誌、『Timeout New York』誌で自分のプロジェクトに関するチュートリアルや記事を発表し、『Make: The Best of, Volume 2（最高のものを作る、第2巻）』、『Making Simple Robots（シンプルなロボット製作）』など複数の書籍を出版。デザイン思考、プロトタイピング、ユーザーエクスペリエンス・デザインをテーマに定期的に講演をおこない、電子装置の製作を始めるのがいかに簡単かを人々に熱心に指導している。

デザイナーのための
プロトタイピング入門

2019年7月26日　初版第1刷発行

著者	キャスリン・マッケルロイ（Kathryn McElroy）
翻訳	安藤貴子

翻訳協力	株式会社トランネット（http://www.trannet.co.jp）
版権コーディネート	株式会社日本ユニ・エージェンシー
日本語版デザイン	平野雅彦
日本語版編集	石井早耶香、伊藤千紗、原 梨花子

印刷・製本	シナノ印刷株式会社

発行人	上原哲郎
発行所	株式会社ビー・エヌ・エヌ新社
	〒150-0022
	東京都渋谷区恵比寿南一丁目20番6号
	FAX: 03-5725-1511
	E-mail: info@bnn.co.jp
	URL: www.bnn.co.jp

- 本書の一部または全部について個人で使用するほかは、著作権法上、株式会社ビー・エヌ・エヌ新社および著作権者の承諾を得ずに無断で複写・複製することは禁じられております。
- 本書の内容に関するお問い合わせは弊社Webサイトから、またはお名前とご連絡先を明記のうえE-mailにてご連絡ください。
- 乱丁本・落丁本はお取り替えいたします。
- 定価はカバーに記載されております。

ISBN978-4-8025-1150-6
Printed in Japan